ゼロからはじめる音響学

Acoustics for Beginners

青木直史

Naofumi Aoki

講談社

ご注意

① 本書を発行するにあたって，内容について万全を期して制作しましたが，万一，ご不審な点や誤り，記載漏れなどお気づきの点がありましたら，出版元まで書面にてご連絡ください。
② 本書の内容に関して適用した結果生じたこと，また，適用できなかった結果について，著者および出版社とも一切の責任を負えませんので，あらかじめご了承ください。
③ 本書に記載されている情報は，2014年1月時点のものです。
④ 本書に記載されているウェブサイトなどは，予告なく変更されることがあります。
⑤ 本書に記載されている会社名、製品名、サービス名などは，一般に各社の商標または登録商標です。なお，本書では，™，®，©マークを省略しています。

はじめに

　理系の科目とはいえ，音響学を勉強するのは，じつは理系の学科だけに限ったことではありません。文系の学科も，語学に関連して音声のしくみについて勉強する機会があり，その前提として音響学の知識が必要になります。言語聴覚士国家試験や日本語教育能力検定試験といった資格試験の勉強も，このあたりの事情はまったく同じです。

　このように，さまざまな学科で勉強する機会があるものの，音響学の参考書は理系の学科のための高度な内容の専門書が多く，ゼロからはじめる初学者を対象として要点をまとめて説明したものは，これまでそれほど多くはなかったように思います。こうした事情を考慮し，本書では，ぜひ理解しておきたい基本的な内容に焦点をあて，音響学を順序だてて勉強するためのひとつのアプローチを紹介したいと思います。

　音響学の勉強は，実際に音を聞いてみることが何よりも重要です。テキストを読んだだけでは，音のイメージをつかむことは難しいでしょう。ぜひ，本書のサポートサイト（http://floor13.sakura.ne.jp）で実際に音を確認しながら，理解を深めていっていただければ幸いです。

　本書の出版にあたり，編集を担当していただいた講談社サイエンティフィクの横山真吾氏には大変お世話になりました。ここに謝意を表します。また，本書の執筆をかげながら支えてくれた妻・香織，娘・遥香に，ここに記して感謝します。

2014 年 1 月　　青木直史

目　次

はじめに　iii

第1章　サイン波　1
1.1　サイン波　1
1.2　波形と周波数特性　2
1.3　12平均律音階　6

第2章　サイン波の重ね合わせ　8
2.1　サイン波の重ね合わせ　8
2.2　ノコギリ波　12
2.3　矩形波　14
2.4　三角波　15
2.5　位相　17
2.6　白色雑音　21
2.7　電子音　22

第3章　周波数分析　24
3.1　重ね合わせの原理　24
3.2　フィルタ　24
3.3　フーリエ変換　27
3.4　楽器音の周波数分析　29
3.5　デシベル　31
3.6　スペクトログラム　32
3.7　不確定性原理　34
3.8　広帯域スペクトログラム　35
3.9　狭帯域スペクトログラム　36
3.10　Audacity　38

第4章　音の性質　40
4.1　音の伝搬　40
4.2　横波と縦波　41
4.3　音速　44
4.4　波長と周波数　45
4.5　周期と周波数　46

- 4.6 回折 ... 47
- 4.7 屈折 ... 48
- 4.8 反射 ... 50
- 4.9 干渉 ... 53
- 4.10 共鳴 ... 54
- 4.11 うなり ... 58
- 4.12 ドップラー効果 ... 59
- 4.13 音の媒質 ... 61

第5章　音声 ... 62

- 5.1 音声の特徴 ... 62
- 5.2 音声器官 ... 62
- 5.3 ソースフィルタ理論 ... 64
- 5.4 声帯音源 ... 66
- 5.5 声道 ... 69
- 5.6 $F1$-$F2$ ダイアグラム ... 71
- 5.7 声紋 ... 73
- 5.8 有声音と無声音 ... 74
- 5.9 音声合成 ... 75
- 5.10 音声の圧縮 ... 77
- 5.11 ボコーダ ... 78
- 5.12 人工喉頭 ... 79
- 5.13 ヘリウムボイス ... 80
- 5.14 WaveSurfer ... 81

第6章　日本語の音声 ... 83

- 6.1 音素とモーラ ... 83
- 6.2 音節 ... 85
- 6.3 音素記号と音声記号 ... 86
- 6.4 母音 ... 87
- 6.5 子音 ... 89
- 6.6 破裂音 ... 92
- 6.7 摩擦音 ... 93
- 6.8 破擦音 ... 94
- 6.9 接近音 ... 95
- 6.10 弾音 ... 96
- 6.11 鼻音 ... 97

6.12	撥音	99
6.13	促音	100
6.14	アクセント	101
6.15	イントネーション	103
6.16	調音結合	104

第7章 可聴範囲 … 107

7.1	音圧	107
7.2	音の強さ	110
7.3	聴覚器官	112
7.4	気導音と骨導音	117
7.5	可聴範囲	118
7.6	聴力検査	119
7.7	モスキート	121
7.8	騒音計	122

第8章 サンプリング … 124

8.1	レコード	124
8.2	音楽CD	125
8.3	サンプリング	126
8.4	標本化	129
8.5	標本化定理	130
8.6	エイリアス歪み	133
8.7	量子化	137
8.8	量子化雑音	139
8.9	メディアの規格	140
8.10	Audacity	142

第9章 音の三要素 … 144

9.1	音の三要素	144
9.2	音の大きさ	145
9.3	音の高さ	148
9.4	音色	149
9.5	音の持続時間	152
9.6	ウェーバーの法則	154
9.7	フェヒナーの法則	156

第10章 ｜ マスキング効果　158
- 10.1　マスキング効果　158
- 10.2　同時マスキング効果　158
- 10.3　臨界帯域　160
- 10.4　継時マスキング効果　164
- 10.5　聴力検査　165
- 10.6　MP3　167
- 10.7　Audacity　168

第11章 ｜ 両耳聴効果　170
- 11.1　両耳加算　170
- 11.2　音源定位　170
- 11.3　モノラル再生とステレオ再生　172
- 11.4　ハース効果　174
- 11.5　インテンシティ効果　176
- 11.6　ボーカルキャンセラ　177
- 11.7　両耳マスキングレベル差　179
- 11.8　サラウンド再生　179
- 11.9　カクテルパーティー効果　181

第12章 ｜ 音の知覚　182
- 12.1　近似カナ表記　182
- 12.2　空耳　182
- 12.3　カテゴリー知覚　183
- 12.4　バーチャルピッチ　184
- 12.5　連続聴効果　186
- 12.6　マガーク効果　187
- 12.7　効果音　189
- 12.8　音と脳　191

索引　194

第1章 サイン波

　音響学の勉強は，高校の数学で習ったサイン波についておさらいすることが出発点になります。本章では，サポートサイトで実際に音を確認しながら，サイン波の特徴について勉強してみることにしましょう。

1.1　サイン波

　高校の数学を習った方であれば，**サイン波（正弦波）**の波形を一度は目にしたことがあるのではないでしょうか。

　サイン波は，三角関数のひとつである**サイン関数（正弦関数）**によって定義される波形です。図1.1 に示すように，山と谷がなめらかに周期的に繰り返すのがサイン波の波形の特徴になっています。

　音響学の勉強は，サイン波についておさらいすることが出発点になります。ただし，そうは言っても，「サイン波といえば数学でしょ。音とどんな関係があるの？」と思われる方が少なからずいらっしゃるかもしれません。じつは，サイン波の音こそ音響学を勉強するうえで最も基本となる音と言ったら，皆さんは驚かれるでしょうか。

　実際に，サイン波の音を聞いてみることにしましょう。サポートサイト

図1.1　サイン波の波形

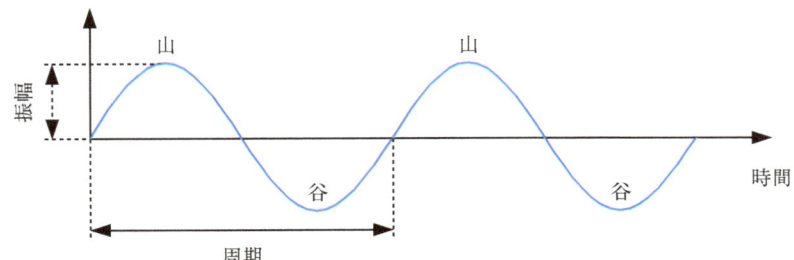

(▶ http://floor13.sakura.ne.jp）を開き，そのなかにある「サイン波（振幅1，周期 0.002 s）」を再生してください。コンピュータのスピーカーから「ピー」という笛のような音が聞こえてきたのではないかと思いますが，これがサイン波の音にほかなりません。

このように，サイン波の音はごく単純なものにすぎません。しかし，じつは，どんなに複雑な音であっても大小さまざまなサイン波の重ね合わせによって合成できることが音響学の重要な原理になっており，このことが，音響学のなかで最も基本となる音としてサイン波の音が位置づけられている理由になっています。

楽器でいえば，サイン波の音はリコーダーの音によく似ています。小学生がリコーダーを吹いて，いとも簡単にサイン波の音を鳴らしているかと思うと，高校の数学で三角関数の勉強にさんざん苦労させられたことに，ちょっと拍子抜けさせられる気がするかもしれませんね。

1.2 波形と周波数特性

サイン波の**振幅**と**周期**は，それぞれ**音の大きさ**と**音の高さ**に対応しています。サポートサイトのサンプルを聞き比べてみると，振幅を小さくした「サイン波（振幅 0.1，周期 0.002 s）」は音が小さくなること，一方，周期を小さくした「サイン波（振幅 1，周期 0.001 s）」は音が高くなることがおわかりいただけるのではないかと思います。

このように，サイン波の音の高さは周期に反比例するため，サイン波の音の高さは，周期の逆数として定義される**周波数**によって比較することが一般的です。

周期を t_0，周波数を f_0 とすると，両者の関係はつぎのように定義できます。

$$f_0 = \frac{1}{t_0} \tag{1.1}$$

周期の単位は「s（秒）」，周波数の単位は「Hz（ヘルツ）」です。周波数は1秒間あたりの波形の繰り返し回数にほかなりません。周期を小さくすれば周波数は大きくなり，サイン波の音は高くなります。

振幅を a，周波数を f_0 とすると，サイン波は時刻 t を変数とするサイン関数によってつぎのように定義できます。

$$s(t) = a\sin(2\pi f_0 t) \tag{1.2}$$

サイン波を表示するには，もちろん，高校の数学で習ったように，横軸を時間，縦軸を振幅として，波形そのものをグラフにすることが一般的です。ただし，音響学では，さらに**周波数特性**と呼ばれるグラフも頻繁に登場することになります。周波数特性は，横軸を周波数，縦軸を振幅として，波形に含まれるサイン波の配合比率をグラフにしたものになっています。

図 1.2 は，サポートサイトの「サイン波（振幅 1，周期 0.002 s）」の波形と周波数特性になっています。波形を観察すると，このサイン波の振幅は 1，周期は 0.002 s になっていることがわかります。なお，0.002 s は 2 ms と表すこともできます。「m（ミリ）」は 0.001（= 10^{-3}）を表す補助単位です。

図1.2 サイン波（振幅 1，周期 0.002 s）：(a) 波形，(b) 周波数特性

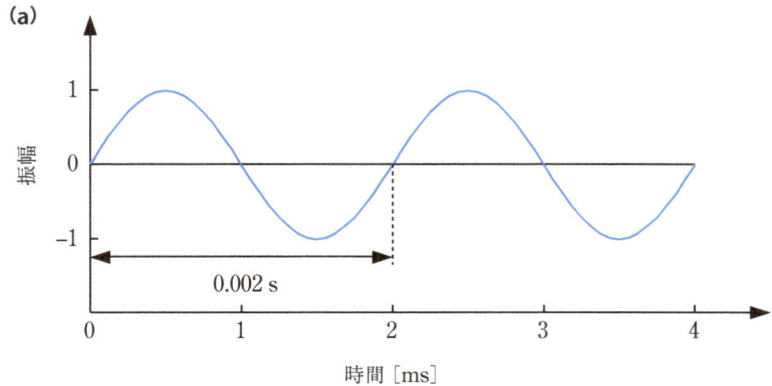

一方,周波数特性を観察すると,このサイン波は,周波数 500 Hz における振幅 1 の縦線として表されることがわかります。周波数は周期の逆数になるため,周期が 0.002 s の場合,周波数はつぎのように 500 Hz になります。

$$f_0 = \frac{1}{t_0} = \frac{1}{0.002 \text{ s}} = 500 \text{ Hz} \tag{1.3}$$

サイン波の音は,たったひとつの周波数成分しか含まない純粋な音であることから**純音**と呼ばれます。じつは,サイン波の音が音響学のなかで最も基本となる音として位置づけられているのは,サイン波の周波数特性があらゆる音のなかで最も単純なものになっているからにほかなりません。なお,サイン波のように縦線によって表される周波数特性を**線スペクトル**と呼びます。**スペクトル**とは日本語で周波数特性を意味する専門用語になっています。

図1.3 サイン波(振幅 0.1,周期 0.002 s):(a) 波形,(b) 周波数特性

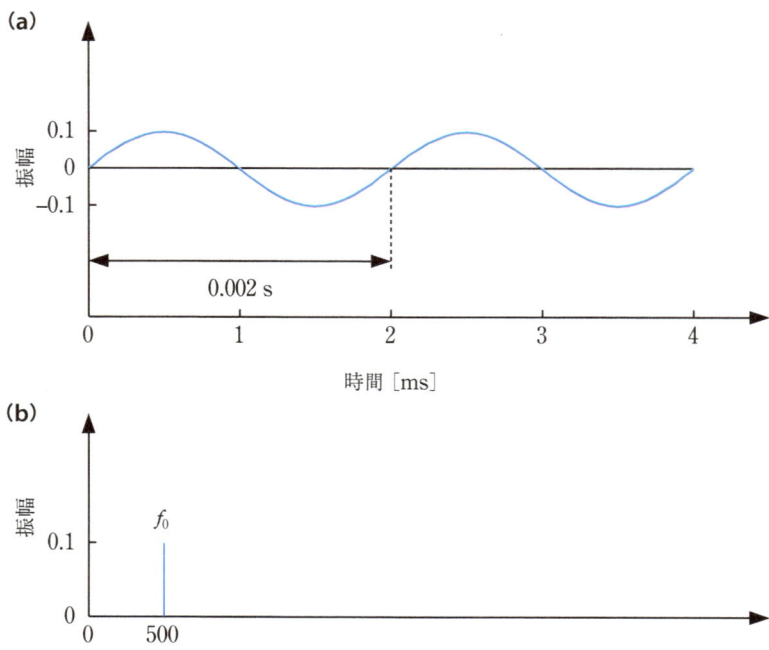

図1.3 と図1.4 は，それぞれ「サイン波（振幅 0.1，周期 0.002 s）」と「サイン波（振幅 1，周期 0.001 s）」の波形と周波数特性になっています。波形と周波数特性のどちらからも振幅や周波数といったサイン波の特徴を読み取れることがおわかりいただけるでしょうか。なお，1000 Hz は 1 kHz と表すこともできます。「k（キロ）」は 1000（$=10^3$）を表す補助単位です。

波形と周波数特性は，音を観察するためのふたつの異なる視点になっています。第 7 章であらためて説明しますが，人間の聴覚は，波形を周波数特性に変換し，周波数特性の視点から音を聞いていることがわかっています。そのため，人間には音がどのように聞こえているのか理解するには，波形だけでなく周波数特性を観察することが重要なポイントになります。

図1.4　サイン波（振幅 1，周期 0.001 s）：（a）波形，（b）周波数特性

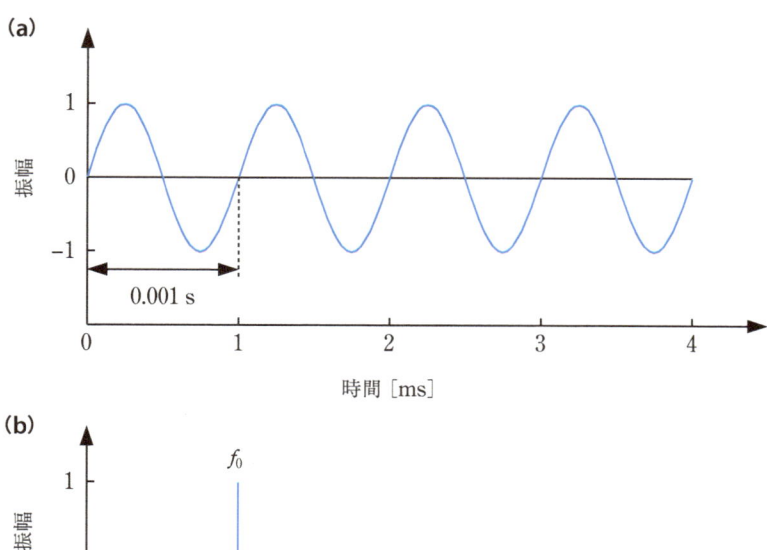

1.3　12平均律音階

　周波数しだいでサイン波はどのような高さの音にもなりますが，**音階**を考慮して音の高さをコントロールすると，サイン波を使って音楽を演奏することができます。

　一般的な音楽は **12 平均律音階**にしたがって演奏されます。12 平均律音階は，1 オクターブあたり 12 個の音から構成されており，隣り合った音は周波数にして $2^{1/12}$（≒ 1.0595）倍，1 オクターブ高い音は周波数にして 2 倍になっています。

　図 1.5 に示すように，12 平均律音階におけるそれぞれの音は，音名を表すアルファベットと音域を表す数字の組み合わせによって表されます。たとえば，「A」は「ラ」の音を表していますが，440 Hz の A は A4，それよりも音域が 1 オクターブ高い 880 Hz の A は A5 になります。

　サポートサイトのサンプルは，サイン波による「ドレミファソラシド」のフレーズです。これは，C4 から C5 まで 8 個の音を順番に並べたフレーズになっています。

1.3 12平均律音階

図1.5 12平均律音階（単位：Hz）

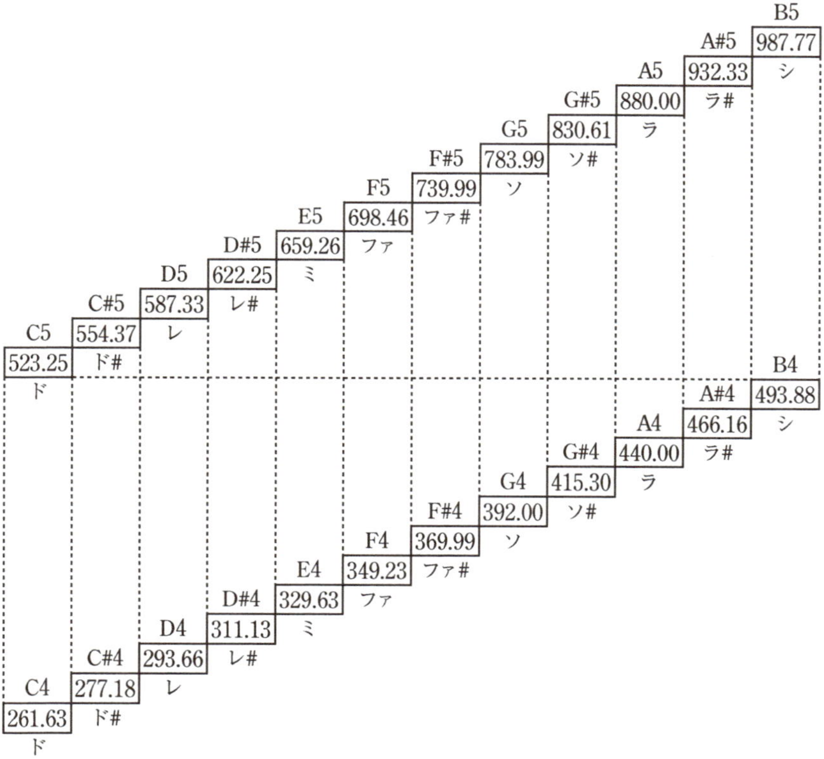

第 2 章 サイン波の重ね合わせ

　どんなに複雑な音であっても大小さまざまなサイン波の重ね合わせによって合成できることが音響学の重要な原理になっています．本章では，サイン波を重ね合わせることで作り出すことができるいくつかの基本的な波形について勉強してみることにしましょう．

2.1　サイン波の重ね合わせ

　たったひとつの周波数成分しか含まないサイン波の音は，じつは，音のなかでは特殊なものにすぎません．私たちが日ごろ耳にする音は，ほとんどの場合，複数の周波数成分を含んでおり，複数のサイン波を重ね合わせたものになっています．

　図 2.1 に示すように，複数のサイン波を重ね合わせると波形は複雑に変化します．もちろん，どのような波形になるかはサイン波の組み合わせしだいですが，図 2.2 に示すように，周波数が整数倍の関係になっているサイン波を重ね合わせると波形は周期的になります．

　こうした波形の周期を**基本周期**，その逆数を**基本周波数**と呼びます．基本周期を t_0，基本周波数を f_0 とすると，両者の関係はつぎのように定義できます．

$$f_0 = \frac{1}{t_0} \tag{2.1}$$

　音響学では，基本周波数のサイン波の音を**基本音**，その整数倍にあたる周波数のサイン波の音を**倍音**と呼んでいます．基本周波数を f_0 とすると，i 番目の倍音の周波数 h_i はつぎのように定義できます．

$$h_i = if_0 \quad (i \geq 2) \tag{2.2}$$

2.1 サイン波の重ね合わせ

図2.1 サイン波の重ね合わせ（周波数が整数倍の関係になっていない場合）

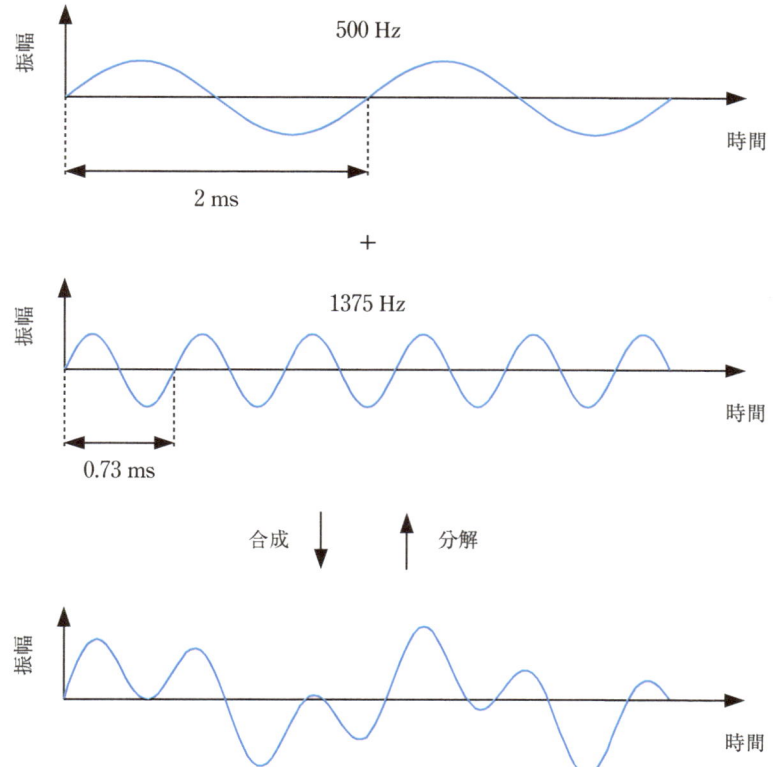

図2.2　サイン波の重ね合わせ（周波数が整数倍の関係になっている場合）

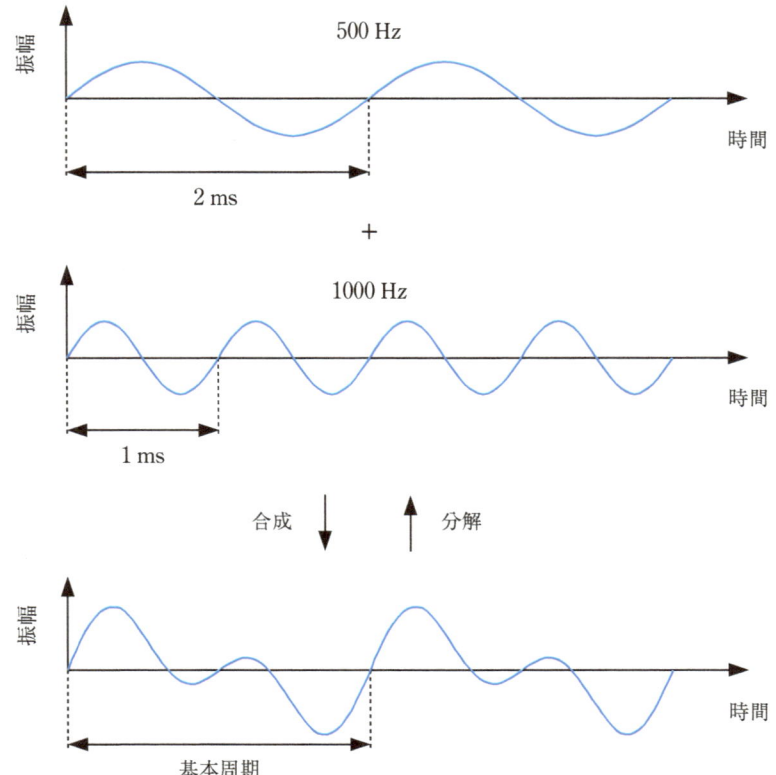

　図 2.3 に示すように，たったひとつの周波数成分しか含まないサイン波の周波数特性は，1本の縦線によって表されることになります。一方，図 2.4 に示すように，複数のサイン波を重ね合わせた波形の周波数特性は，複数の縦線によって表されることになります。それぞれの縦線は波形に含まれる1つひとつのサイン波に対応しています。

　第1章で説明したように，サイン波の音は，たったひとつの周波数成分しか含まない純粋な音であることから**純音**と呼ばれます。一方，複数のサイン波を重ね合わせた音は，複数の周波数成分を含んでいることから**複合音**と呼ばれます。そのなかでも周波数成分が整数倍の関係になる倍音構造を示す音

図2.3 サイン波の周波数特性

図2.4 周期的複合音の周波数特性

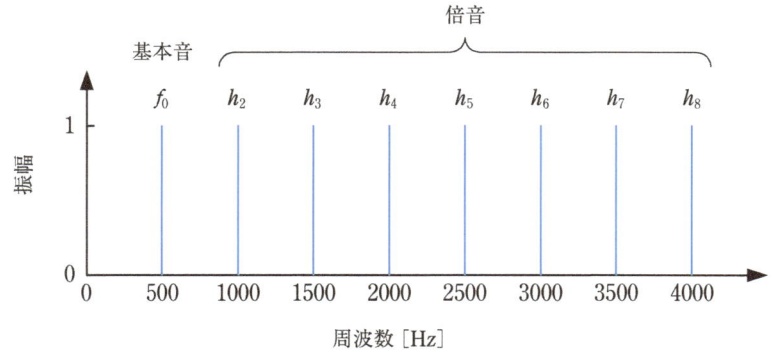

は波形が周期的になるため**周期的複合音**と呼ばれます。

　サポートサイトのサンプルは，サイン波による「ドレミファソラシド」のフレーズに倍音を少しずつ重ね合わせていったものになっています。基本音だけではおとなしく聞こえる音色も，倍音を増やしていくとしだいに明るくなっていくことがおわかりいただけるでしょうか。ただし，音色は変化しても音の高さは変化せず，フレーズそのものは変化しないことに注意してください。

　このように，基本音は**音の高さ**，倍音の配合比率は**音色**に対応することが周期的複合音の重要な特徴になっています。こうした特徴を調べることが，音を観察するうえで重要なポイントになっていることをぜひ覚えておきま

しょう。

2.2　ノコギリ波

複合音の波形のなかには，その外見から名前がつけられたものがあります。そのひとつが**ノコギリ波**です。

式 (2.3) のように倍音を重ね合わせていくと，図 2.5 に示すように，しだいにエッジのはっきりしたノコギリ波になっていきます。

$$s(t) = \sin(2\pi f_0 t) + \frac{1}{2}\sin(2\pi h_2 t) + \frac{1}{3}\sin(2\pi h_3 t) + \cdots + \frac{1}{i}\sin(2\pi h_i t) \quad (2.3)$$

図2.5　サイン波の重ね合わせによるノコギリ波の合成

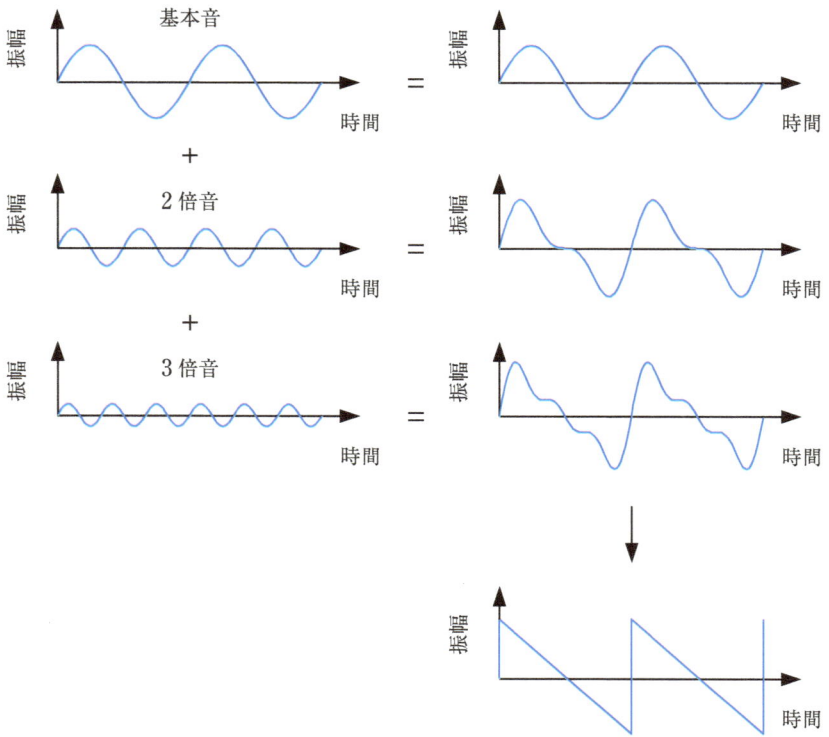

図2.6 ノコギリ波：(a) 波形，(b) 周波数特性

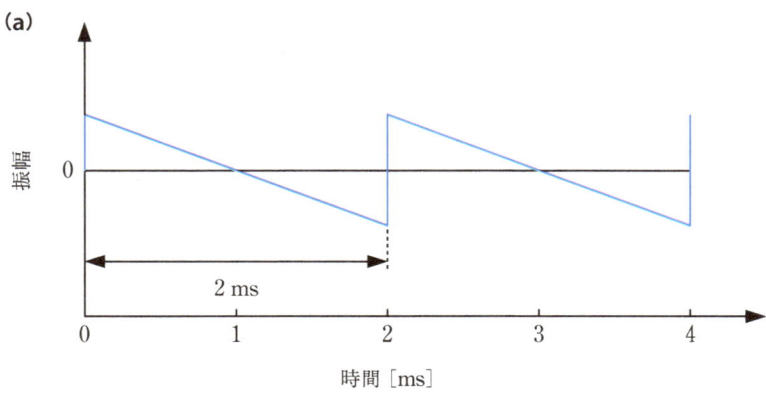

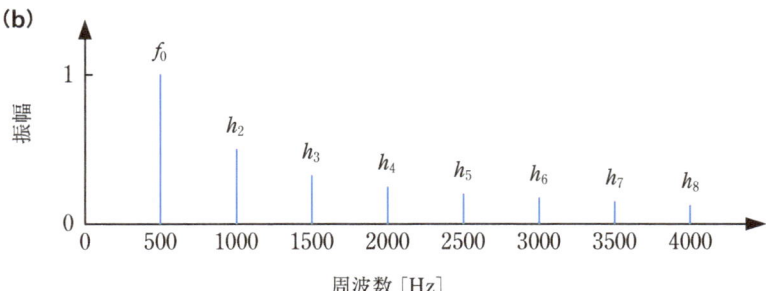

図2.6 に示すように，周波数が高くなるにつれて倍音の振幅がしだいに小さくなっていくのがノコギリ波の特徴になっています。

サポートサイトのサンプルは，ノコギリ波による「ドレミファソラシド」のフレーズになっています。ノコギリ波は複数の周波数成分を含んでいるため，サイン波とは異なる明るい音色に聞こえることがおわかりいただけるでしょうか。

2.3 矩形波

式 (2.4) のように倍音を重ね合わせていくと，図 2.7 に示すように，しだいにエッジのはっきりした**矩形波**になっていきます。

$$s(t) = \sin(2\pi f_0 t) + \frac{1}{3}\sin(2\pi h_3 t) + \frac{1}{5}\sin(2\pi h_5 t) + \cdots + \frac{1}{i}\sin(2\pi h_i t) \quad (2.4)$$

矩形波は奇数次の倍音しか含んでいないことに注意してください。図 2.8 に示すように，ノコギリ波の周波数特性から偶数次の倍音を取り除いたものが矩形波の周波数特性になります。

サポートサイトのサンプルは，矩形波による「ドレミファソラシド」のフレーズになっています。矩形波は複数の周波数成分を含んでいるため，サイ

図2.7 サイン波の重ね合わせによる矩形波の合成

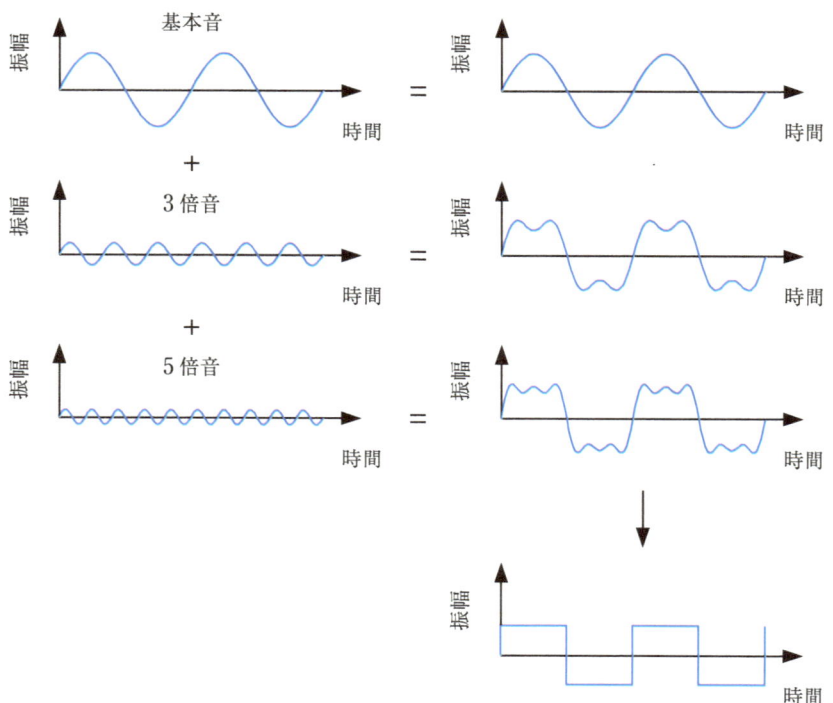

> **図2.8** 矩形波：(a) 波形，(b) 周波数特性

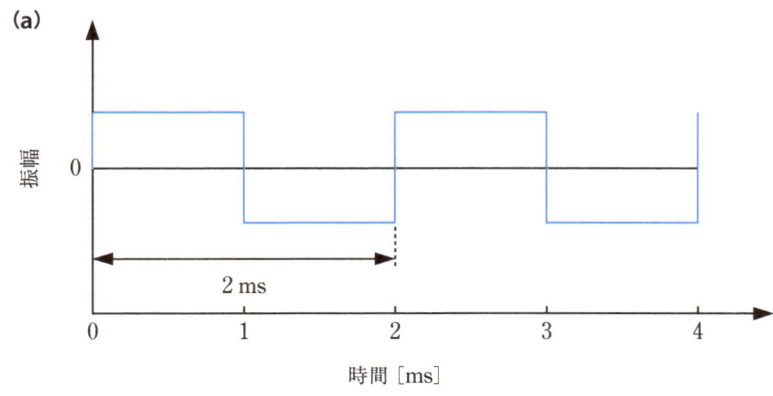

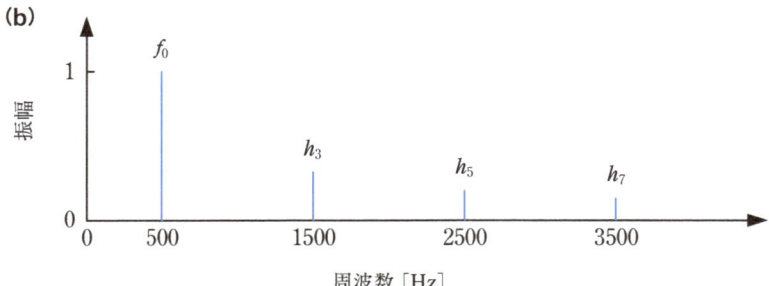

ン波とは異なる明るい音色に聞こえることがおわかりいただけるでしょうか。

　ただし，音色が明るくなるとはいえ，矩形波の音色はノコギリ波とは異なっていることに注意してください。ノコギリ波のようにすべての倍音を含む音とは異なり，矩形波のように奇数次の倍音しか含まない音はうつろな音色に聞こえることが特徴になっています。

2.4　三角波

　式 (2.5) のように倍音を重ね合わせていくと，図 2.9 に示すように，しだいにエッジのはっきりした**三角波**になっていきます。

$$s(t) = \sin(2\pi f_0 t) - \frac{1}{3^2}\sin(2\pi h_3 t) + \frac{1}{5^2}\sin(2\pi h_5 t) - \cdots$$
$$+ \sin\left(\frac{\pi i}{2}\right)\frac{1}{i^2}\sin(2\pi h_i t) \quad (2.5)$$

　矩形波と同様，三角波は奇数次の倍音しか含んでいないことに注意してください。図2.10 に示すように，周波数が高くなるにつれて倍音の振幅が急激に小さくなっていくのが三角波の特徴になっています。

　サポートサイトのサンプルは，三角波による「ドレミファソラシド」のフレーズになっています。矩形波ほど倍音が目立たないため，矩形波と比べておとなしい音色に聞こえることが三角波の特徴になっています。

図2.9 サイン波の重ね合わせによる三角波の合成

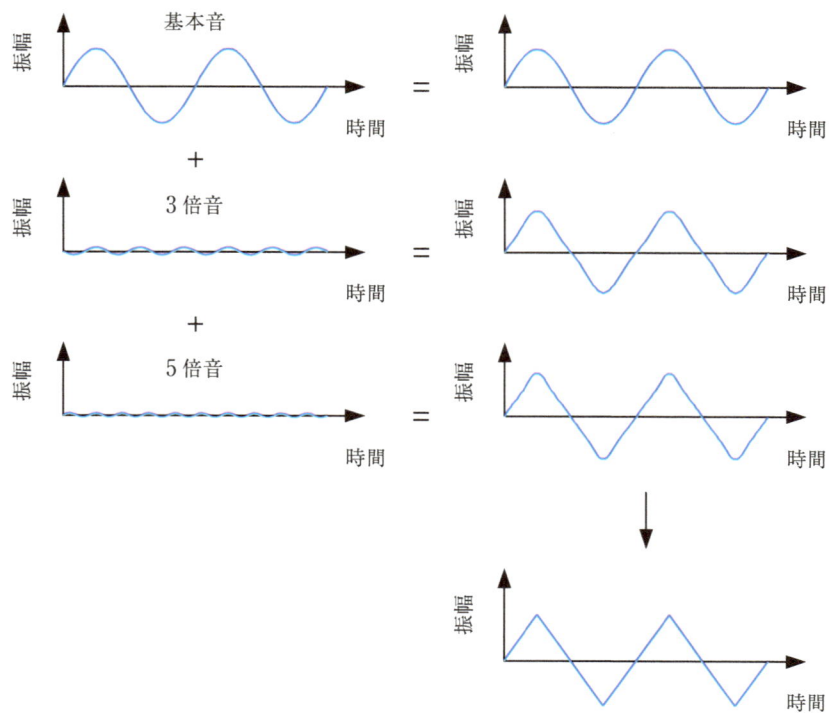

図2.10 三角波：(a) 波形，(b) 周波数特性

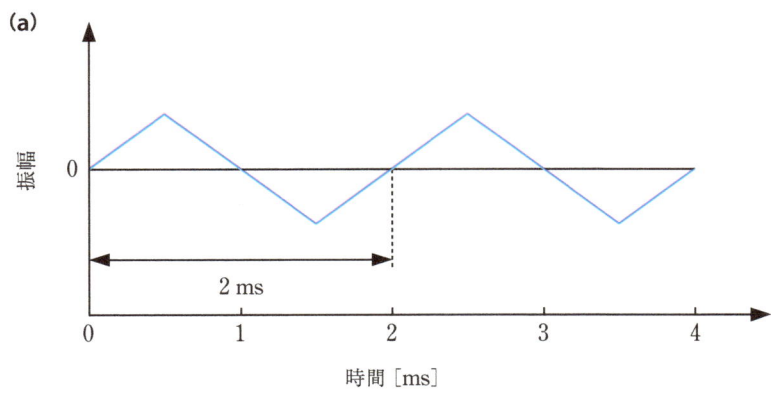

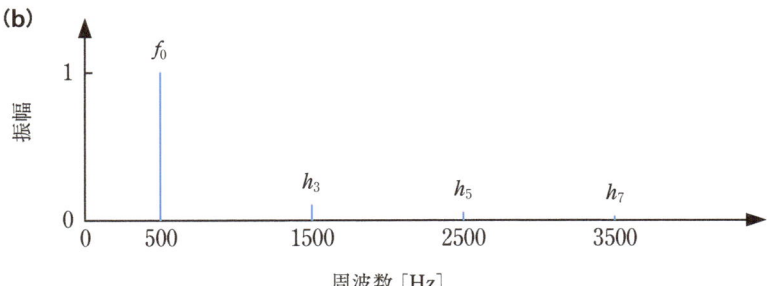

2.5 位相

　第1章で説明したように，サイン波は振幅と周波数によって定義できます。しかし，じつはサイン波を厳密に定義するには，さらに**位相**と呼ばれる特徴についても考慮する必要があります。振幅を a，周波数を f_0，位相を θ とすると，サイン波はつぎのように定義できます。

$$s(t) = a\sin(2\pi f_0 t + \theta) \tag{2.6}$$

　図2.11に示すように，位相はサイン波が原点を通過するタイミングを表しています。位相は0から 2π までの値をとります。θ が0のとき，式(2.6)は通常のサイン波の定義そのものになります。θ を大きくしていくとサイン

> **図2.11** 位相：(a) $\theta=0$（サイン波），(b) $\theta=\pi/2$（コサイン波），(c) $\theta=\pi$（逆位相），(d) $\theta=3\pi/2$，(e) $\theta=2\pi$（サイン波）

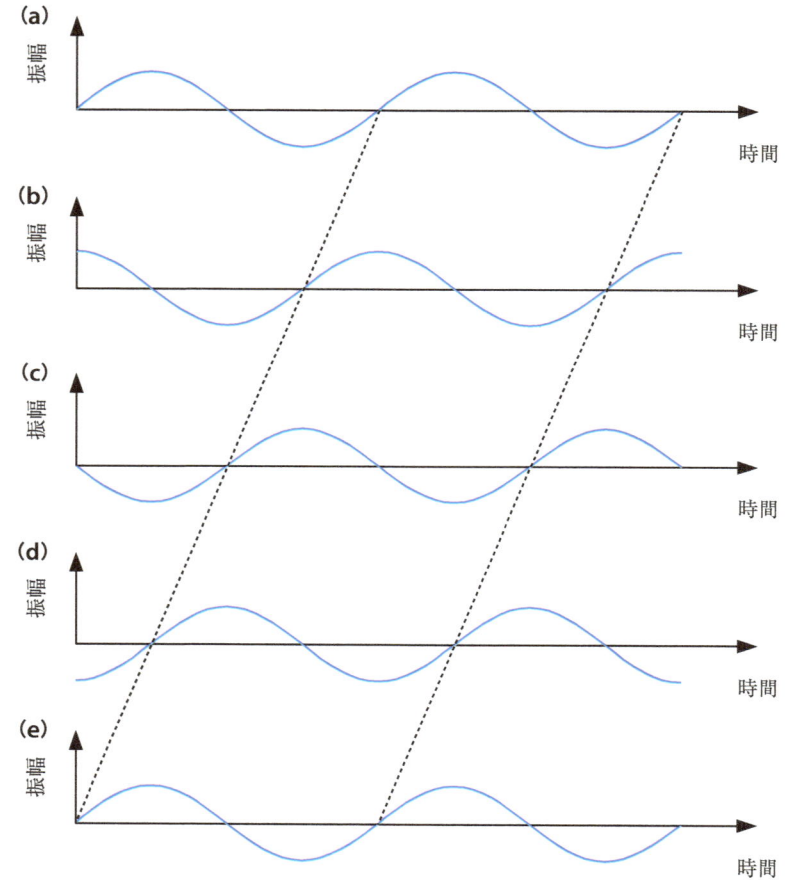

波が原点を通過するタイミングがしだいにずれていきますが，θがπのとき，波形はちょうど上下が逆転し，通常のサイン波の**逆位相**の状態になります。さらにθを大きくしていくと，θが2πのとき，式(2.6)は通常のサイン波の定義に戻ります。

　θが$\pi/2$のとき，式(2.6)は**コサイン波**（余弦波）の定義になります。コサイン波は，位相こそずれてはいますが，波形そのものはサイン波とまった

く同じものになっていることに注意してください。高校の数学で習った**コサイン関数（余弦関数）**を使うと，コサイン波はつぎのように定義できます。

$$s(t) = a\sin\left(2\pi f_0 t + \frac{\pi}{2}\right) = a\cos(2\pi f_0 t) \tag{2.7}$$

位相をずらしてサイン波を重ね合わせると，複合音の波形のバリエーションが広がります。たとえば，式 (2.8) に示すように，サイン波のかわりにコサイン波を重ね合わせると図 2.12 の波形が得られます。

$$s(t) = \cos(2\pi f_0 t) + \frac{1}{2}\cos(2\pi h_2 t) + \frac{1}{3}\cos(2\pi h_3 t) + \cdots + \frac{1}{i}\cos(2\pi h_i t) \tag{2.8}$$

図2.12 コサイン波の重ね合わせによるノコギリ波の合成

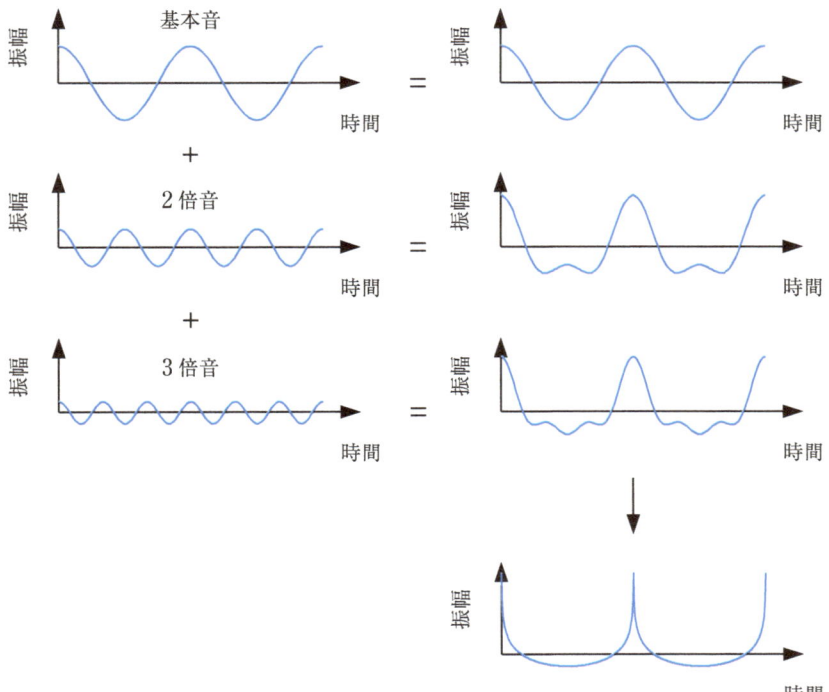

図2.13 コサイン波の重ね合わせによるノコギリ波：(a) 波形，(b) 周波数特性

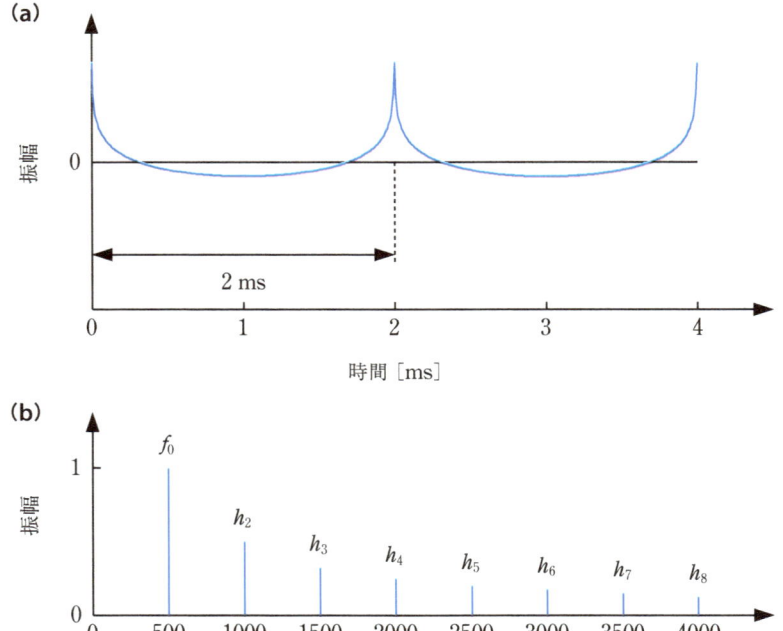

　図2.13に示すように，この波形は，じつは倍音の配合比率そのものはノコギリ波とまったく同じになっていますが，位相をずらしてサイン波を重ね合わせているため，ノコギリ波とは異なる波形になっています。

　ただし，波形が変化したからといって音色も変化するとは限りません。サポートサイトのサンプルを聞き比べてみると，サイン波のかわりにコサイン波を重ね合わせても，通常のノコギリ波とまったく同じ音色に聞こえることがおわかりいただけるのではないかと思います。

　じつは，周期的複合音の場合，倍音の配合比率が同じであれば，波形の変化は音色にほとんど影響しないことがわかっています。このように，人間の聴覚は倍音の位相の変化に対して鈍感であることから，音の特徴について調べる場合，位相を重視しないことが音響学の暗黙の了解になっています。

2.6 白色雑音

ノコギリ波のように，周波数が整数倍の関係になっているサイン波を重ね合わせると波形は周期的になりますが，こうした関係を無視してサイン波を重ね合わせると波形は非周期的になります。

その代表例が，図 2.14 に示す**白色雑音（ホワイトノイズ）**です。白色雑音は，あらゆる周波数のサイン波を，位相をランダムにして重ね合わせたものになっています。じつは，光の場合，周波数は色に対応しており，あらゆる周波数の光を混ぜ合わせると白色になることが知られていますが，これが白色雑音の名前の由来になっています。

なお，あらゆる周波数のサイン波を重ね合わせていることから，白色雑音

図2.14 白色雑音：（a）波形，（b）周波数特性

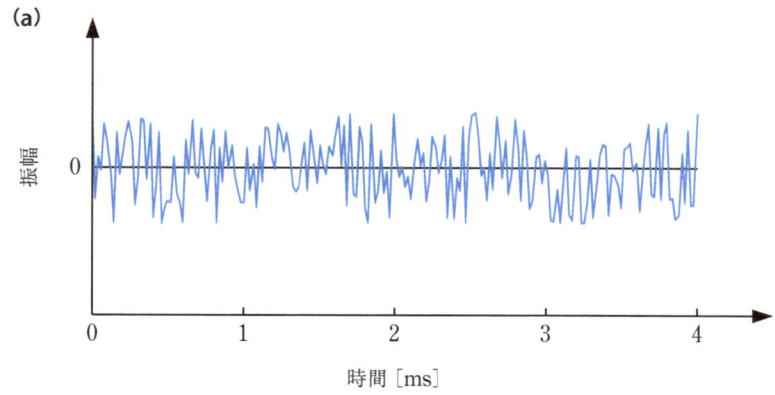

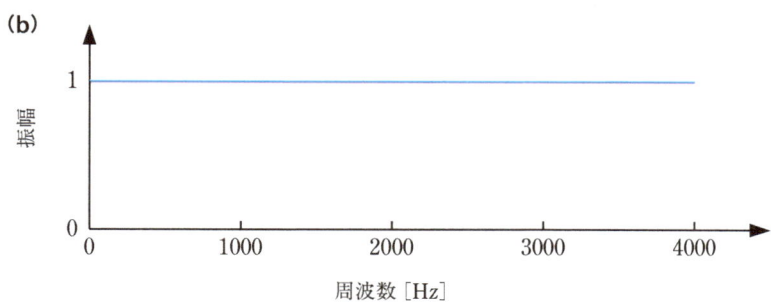

の周波数成分はすべての周波数に広がるように連続して分布することになります。そのため，線スペクトルと区別して，こうした周波数特性を**連続スペクトル**と呼びます。

　実際にサポートサイトのサンプルを聞いてみるとおわかりのように，白色雑音は音の高さがはっきりとしません。周期的な音とは異なり，周波数特性が倍音構造を示さないため，基本音に対応する音の高さを定義できないことが白色雑音の特徴になっています。

2.7　電子音

　サイン波を重ね合わせると，その組み合わせしだいでさまざまな波形を作り出すことができます。しかし，多数のサイン波を重ね合わせて波形を作り出すことは，実際はそれほど簡単なことではありません。そのため，黎明期のコンピュータは，サイン波の重ね合わせによらず，より単純な方法によって作り出した波形を使って音を鳴らすことが一般的でした。

　じつは，本章で紹介した波形は，こうした波形の代表例になっています。たとえば，ノコギリ波，矩形波，三角波といった幾何学的な波形は，直線を組み合わせることで作り出すことができます。また，白色雑音は，**乱数**と呼ばれるでたらめな数を発生させることで作り出すことができます。

　こうした波形を使って，いわゆる**電子音**を鳴らしているのが**PSG** (Programmable Sound Generator) **音源**と呼ばれる音作りのしくみになっています。黎明期のコンピュータ，とくに家庭用ゲーム機は，PSG音源を使ってゲームのBGM，いわゆる**ゲームミュージック**を演奏することが一般的でした。1980年代に社会現象を巻き起こした「ファミコン」はその代表といってよいでしょう。

　もちろん，PSG音源は音色に制約があり，表現力はそれほど高いものではありませんでしたが，その特徴を最大限に引き出すことで，数多くの魅力的なゲームミュージックが生み出されてきました。たとえば，「スーパーマリオブラザーズ」のBGMは，明るい音色の矩形波をメロディパート，おとなしい音色の三角波をベースパート，短く切った白色雑音をパーカッションに割りあてることで，PSG音源ならではの音色の特徴を考慮したゲームミュージックになっています。

最近は，技術の進歩とともにコンピュータの音も大きく変化し，本物の楽器さながらのリアルな音色を駆使したゲームミュージックがあたり前になってきました。そのため，PSG音源はすっかり過去のものになってしまった感もありますが，一方で，黎明期のコンピュータを思わせるレトロな音色がリバイバル的な人気を集めているのも事実です。**チップチューン**と呼ばれるテクノミュージックのジャンルのなかで，PSG音源は新たな魅力を発揮しつつあるといえるでしょう。

第 3 章 周波数分析

　音の特徴について調べるには，波形をながめるだけでなく，周波数特性を観察することが重要なポイントになります。本章では，波形から周波数特性を割り出す周波数分析のしくみについて勉強してみることにしましょう。

3.1　重ね合わせの原理

　第 2 章ではいくつかの基本的な波形を例にとって説明しましたが，どんなに複雑な音であっても大小さまざまなサイン波の重ね合わせによって合成できることが音響学の重要な原理になっています。これを**重ね合わせの原理**と呼びます。

　波形に含まれるサイン波の配合比率を表す周波数特性は，言ってみれば，サイン波を基本単位として波形を作り出すための設計図にほかなりません。すなわち，周波数特性を観察することは，音の特徴について調べるのに役立つだけでなく，サイン波を重ね合わせて音を作り出すための重要な手がかりを与えてくれることになります。

　第 2 章で説明したように，単純な波形のなかにはすでに周波数特性がわかっているものもあります。しかし，複雑な波形の場合，一見しただけでは周波数特性がわからないことがほとんどです。このような場合，**周波数分析**と呼ばれるテクニックが役立ちます。周波数分析は，波形から周波数特性を割り出すための手法であり，音の特徴について調べるための重要なテクニックとなっています。

3.2　フィルタ

　周波数分析のツールとして利用されるのが**フィルタ**です。フィルタは，特定の周波数成分だけを選択的に通過させる「ふるい」にほかなりません。
　図 3.1 に示すように，フィルタにはいくつかの種類がありますが，低域の

周波数成分を通過させる**低域通過フィルタ（ローパスフィルタ）**，高域の周波数成分を通過させる**高域通過フィルタ（ハイパスフィルタ）**，特定の帯域の周波数成分を通過させる**帯域通過フィルタ（バンドパスフィルタ）**，特定の帯域の周波数成分を減衰させる**帯域阻止フィルタ（バンドエリミネートフィルタ）**の 4 種類が基本になります。

図 3.2 に示すように，複数の帯域通過フィルタを並べ，それぞれの帯域から取り出したサイン波の振幅を調べることで，波形に含まれるサイン波の配合比率を割り出すのが，帯域通過フィルタによる周波数分析の手順になっています。

図 3.3 に示すように，帯域通過フィルタの周波数特性は**中心周波数**と**帯域幅**によって定義されます。帯域幅を大きくしすぎると，それぞれの帯域から複数のサイン波が取り出されてしまうことになるため，サイン波を 1 つひとつ分離することが難しくなります。そのため，帯域幅を十分に小さくすることが，周波数分析の精度を向上させるうえで重要なポイントになります。

じつは，こうした帯域通過フィルタによる周波数分析のしくみは，人間の聴覚のしくみによく似たものになっています。第 10 章であらためて説明しますが，人間の聴覚は，中心周波数が少しずつ変化する帯域通過フィルタを

図 3.1 基本的な 4 種類のフィルタ：(a) 低域通過フィルタ，(b) 高域通過フィルタ，(c) 帯域通過フィルタ，(d) 帯域阻止フィルタ

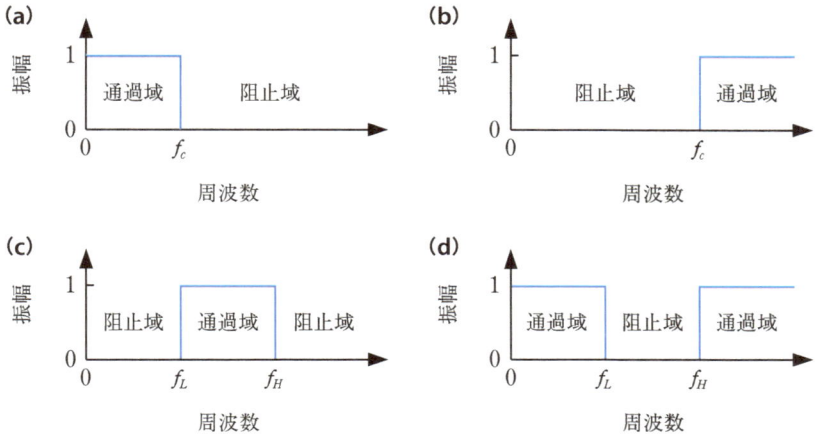

図3.2 帯域通過フィルタによる周波数分析

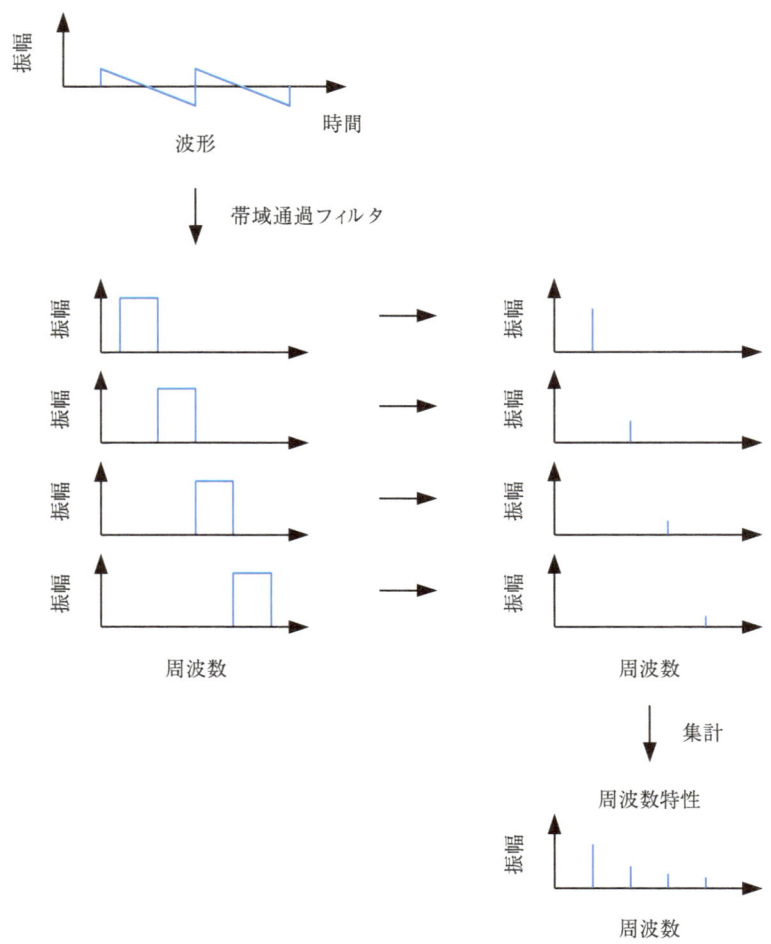

隙間なく並べて音を聞き取っていると考えられています。こうした帯域通過フィルタを**聴覚フィルタ**と呼びます。

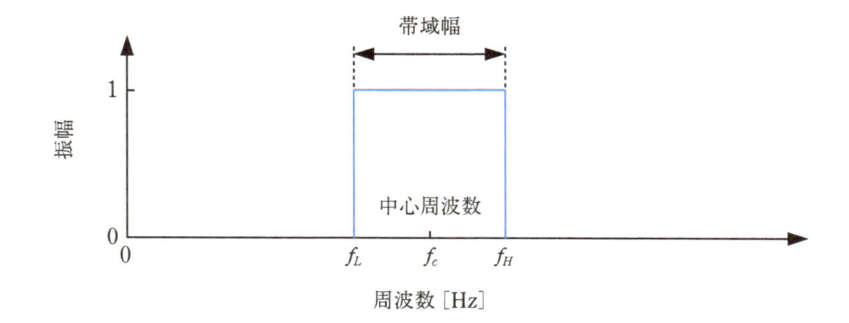

図3.3 帯域通過フィルタの周波数特性

3.3 フーリエ変換

コンピュータの普及とともに周波数分析のツールとして一般的に利用されるようになってきたのが**フーリエ変換**です。

図3.4 に示すように，**窓**をかけることで波形を一定の長さに区切り，このなかにある波形の周波数特性を求めるのが，フーリエ変換による周波数分析の手順になっています。なお，この手順を逆にたどると周波数特性から波形を作り出すことができます。これを**逆フーリエ変換**と呼びます。

大小さまざまなサイン波を1つひとつ波形にあてはめることで周波数特性を割り出すのがフーリエ変換の原理にほかなりません。ただし，波形にあてはめることができるサイン波には制約があり，窓の大きさを Δt とすると，最も小さいサイン波の周波数 Δf はつぎのように定義することができます。

$$\Delta f = \frac{1}{\Delta t} \tag{3.1}$$

フーリエ変換は，周波数が Δf の整数倍になっているサイン波だけを波形にあてはめることで周波数分析を行っています。そのため，図3.5 に示すように，フーリエ変換によって求めた周波数特性は，Δf の整数倍の周波数だけに値を持つことになります。

もちろん，窓を大きくすると Δf が小さくなり，周波数分析の精度が向上することになりますが，処理にかかる時間はそれだけ長くなってしまいます。こうした時間をできる限り短くするため，コンピュータによる周波数分析で

第3章 ◆ 周波数分析

図3.4 フーリエ変換による周波数分析

波形

フーリエ変換 ↓ ↑ 逆フーリエ変換

周波数特性

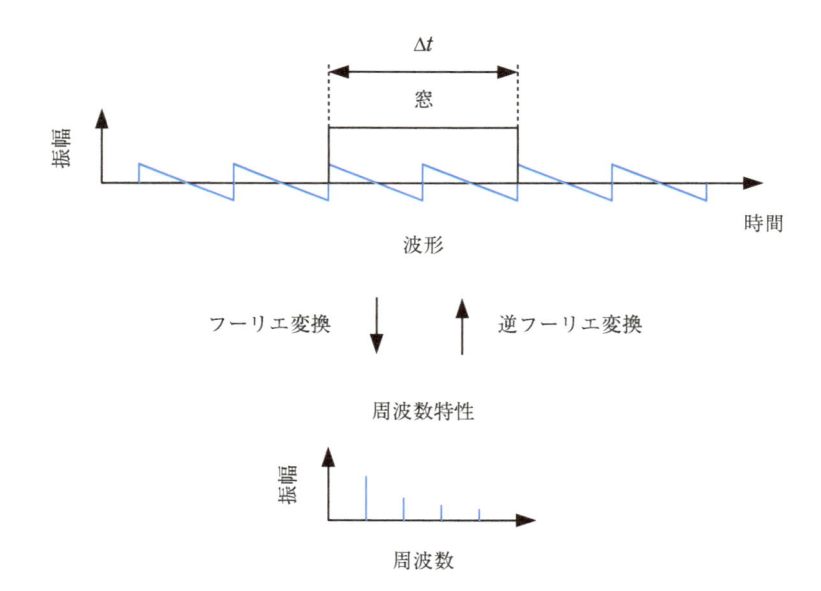

図3.5 フーリエ変換によって求めた周波数特性

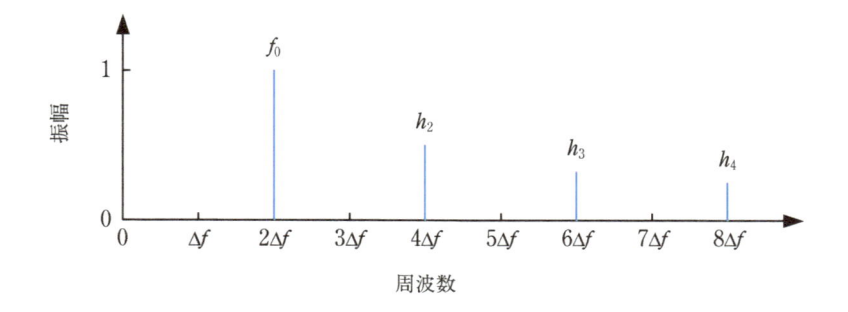

は，**高速フーリエ変換**と呼ばれるテクニックを適用することが一般的です。

3.4 楽器音の周波数分析

リコーダーの A4 音とトランペットの A4 音について，それぞれ周波数分析を行った結果を図 3.6 と図 3.7 に示します。

第 1 章で説明したように，A4 音の高さは 440 Hz になります。そのため，波形を観察すると，どちらも基本周期は 2.27 ms（= 1/440 Hz）になっていることがわかります。また，周波数特性を観察すると，どちらも基本周波数は 440 Hz になっていることがわかります。このように，音の高さが同じであれば，楽器の種類を問わず基本周期と基本周波数はそれぞれ同じになります。

ただし，音の高さが同じであっても，楽器の種類によって倍音の配合比率

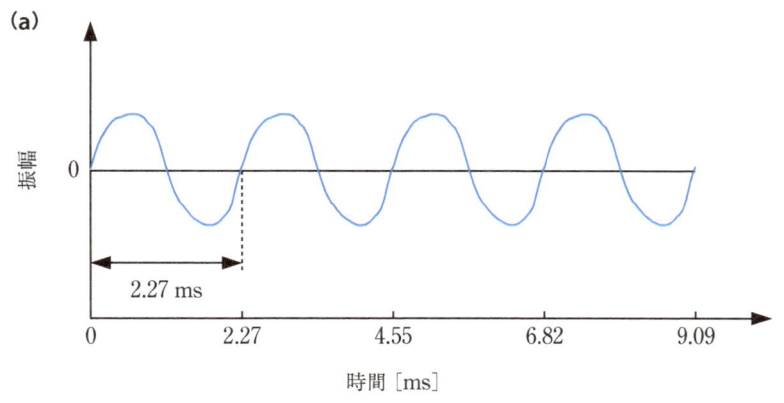

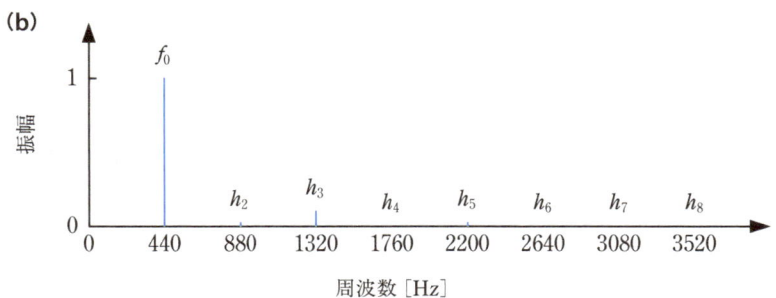

図3.6 リコーダーの A4 音：(a) 波形，(b) 周波数特性

図3.7 　トランペットのA4音：(a) 波形，(b) 周波数特性

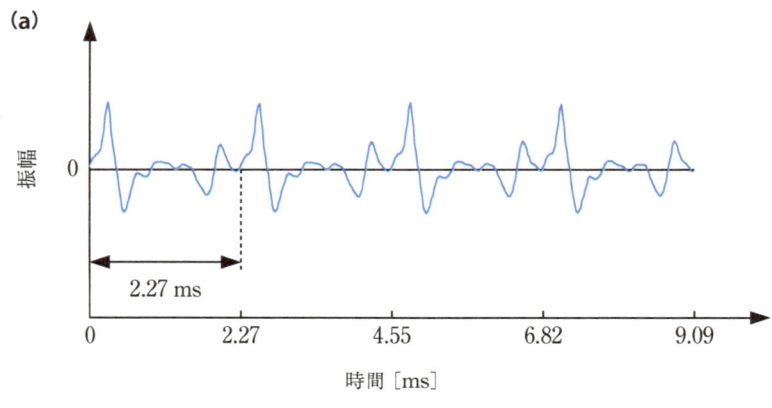

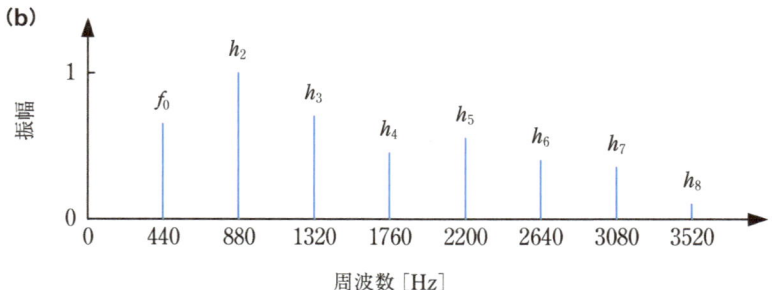

は変化することに注意してください。トランペットには倍音が多く含まれていますが，リコーダーには倍音がほとんど含まれていません。こうした倍音の配合比率の違いが，それぞれの楽器の音色の違いを生み出しているのです。

　第2章で説明したように，倍音が多いと明るい音，倍音が少ないとおとなしい音に聞こえることが音色の一般的な特徴になっています。こうした音色の違いを客観的に比較するには，波形をながめるだけでなく，周波数特性を観察することが重要なポイントになります。

3.5 デシベル

周波数特性を観察する場合，振幅が極端に小さい周波数成分は通常のグラフでは読み取りにくいことがあります。このような場合，対数のグラフを使って周波数特性を観察しやすくすることが解決策になります。

周波数特性を$A(f)$，基準となる振幅をA_{ref}とし，つぎのように対数をとると，振幅の単位は「dB（デシベル）」になります。

$$20 \log_{10}\left(\frac{A(f)}{A_{ref}}\right) \tag{3.2}$$

図 3.8(a) に示すように，リコーダーには倍音がほとんど含まれていないため，通常のグラフで周波数特性を表示しても，振幅の小さい倍音をくわしく観察することはできません。しかし，図 3.8(b) に示すように，対数のグラフ

図3.8 リコーダー A4 音の周波数特性：(a) 通常のグラフ，(b) 対数のグラフ

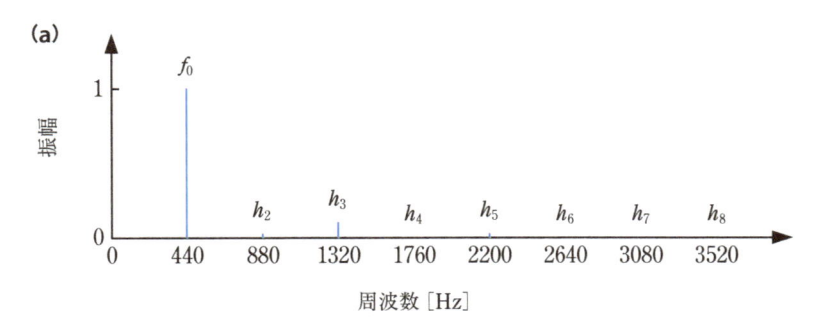

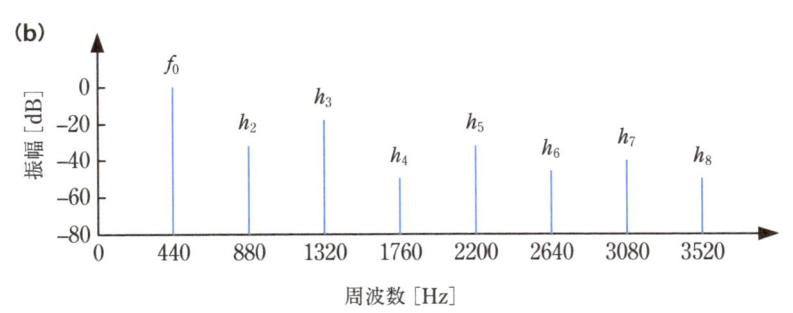

で周波数特性を表示すると，こうした倍音もはっきりと観察できるようになります。

　じつは，dB という単位は，「B（ベル）」という単位に「d（デシ）」という 0.1 を表す補助単位を組み合わせたものになっています。B は 1876 年に電話の特許を取得したアメリカの発明家ベルの名前に由来しています。

　B と dB の関係は，体積の単位としておなじみの「L（リットル）」と「dL（デシリットル）」の関係とまったく同じです。10 dL が 1 L になるのと同様，10 dB は 1 B に等しくなります。

3.6　スペクトログラム

　フーリエ変換によって求めることができるのは，あくまでも窓によって切り取られた一部の波形の周波数特性にすぎません。時間の経過とともに変化する音の場合，周波数特性は刻一刻と変化するため，周波数特性の時間変化を調べるには，窓を少しずつずらしながら周波数分析を繰り返す必要があります。

　こうした周波数特性の時間変化を観察するのに利用されているのが**スペクトログラム**です。図 3.9 に示すように，スペクトログラムは，窓を少しずつずらしながら周波数分析を行い，横軸を時間，縦軸を周波数として，周波数特性を濃淡表示したものになっています。

　図 3.10 は，1 秒ごとに周波数が 500 Hz ずつ大きくなっていくサイン波のスペクトログラムになっています。サイン波の周波数が時間の経過とともに変化していくことがおわかりいただけるでしょうか。

図3.9 スペクトログラムの表示

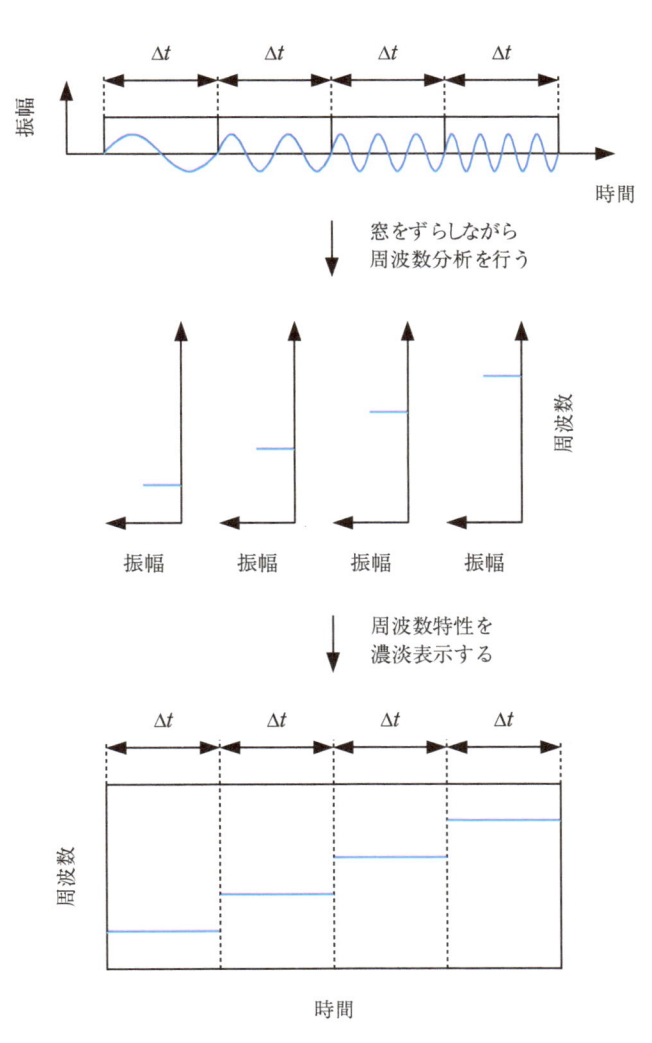

図3.10 スペクトログラム

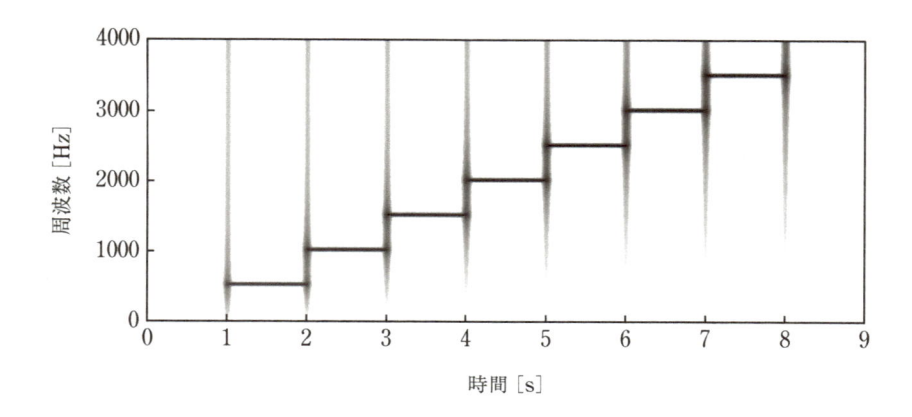

3.7 不確定性原理

　周波数分析の精度は窓の大きさによって決まります。時間を区切る間隔を Δt，周波数を区切る間隔を Δf とすると，両者の関係はつぎのように定義できます。

$$\Delta f = \frac{1}{\Delta t} \tag{3.3}$$

　Δt を小さくすると，時間を細かく区切って周波数特性の時間変化を詳細に調べることができます。すなわち，Δt は**時間分解能**を表していることになります。

　一方，Δf を小さくすると，周波数を細かく区切って周波数特性の構造を詳細に調べることができます。すなわち，Δf は**周波数分解能**を表していることになります。

　もちろん，周波数特性を詳細に観察するには，時間分解能と周波数分解能をどちらも同時に十分に小さくしたいところですが，両者は反比例の関係にあるため，一方を小さくするともう一方が大きくなってしまいます。すなわち，周波数特性の時間変化を詳細に調べようとすると周波数特性の構造はあいまいになり，逆に，周波数特性の構造を詳細に調べようとすると周波数特性の時間変化はあいまいになってしまうことに注意しなければなりません。

このように，時間分解能と周波数分解能をどちらも同時に十分に小さくできないことを**不確定性原理**と呼びます。

スペクトログラムから音の特徴を読み取るには，こうした周波数分析の限界についても十分に理解しておく必要があります。スペクトログラムは，時間分解能と周波数分解能のどちらに注目するかによって，**広帯域スペクトログラム**と**狭帯域スペクトログラム**のふたつに分類できますが，それぞれの長所を念頭においてスペクトログラムを観察することが，音の特徴について調べるうえで重要なポイントになります。

3.8　広帯域スペクトログラム

波形を小さく区切って周波数分析を行うと，時間分解能は細かくなりますが，周波数分解能は粗くなります。

図3.11に示すように，周波数分解能が粗くなるのは，帯域通過フィルタの帯域幅を大きくして周波数分析を行うことに相当します。そのため，こうしたスペクトログラムを**広帯域スペクトログラム**と呼びます。

図3.11　広帯域スペクトログラムの時間分解能と周波数分解能

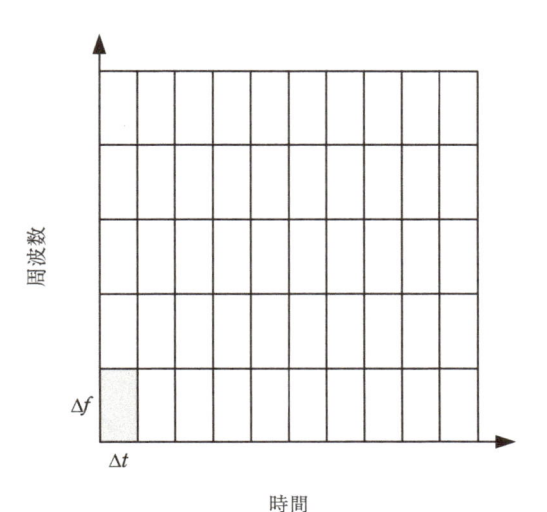

> **図3.12** 広帯域スペクトログラム

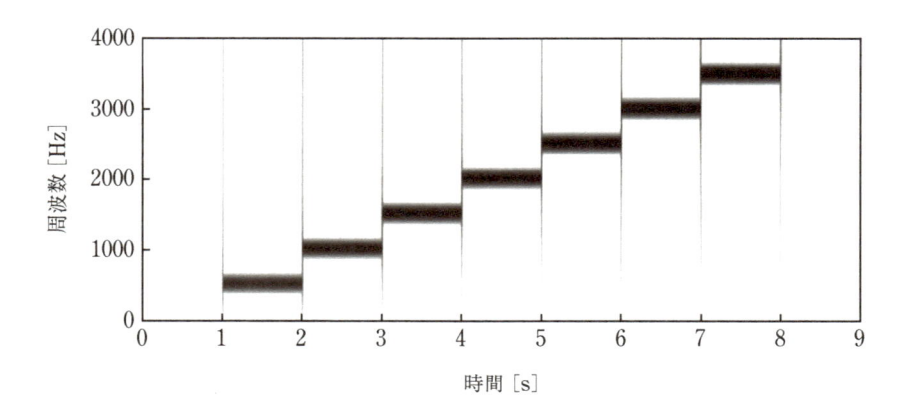

図3.12 は，1秒ごとに周波数が 500 Hz ずつ大きくなっていくサイン波に対して，窓の大きさを 2 ms にして求めた広帯域スペクトログラムになっています。広帯域スペクトログラムは，周波数特性の構造を詳細に割り出すことは苦手ですが，周波数特性が変化した時刻を精度よく調べるうえで威力を発揮します。

3.9 狭帯域スペクトログラム

波形を大きく区切って周波数分析を行うと，時間分解能は粗くなりますが，周波数分解能は細かくなります。

図3.13 に示すように，周波数分解能が細かくなるのは，帯域通過フィルタの帯域幅を小さくして周波数分析を行うことに相当します。そのため，こうしたスペクトログラムを**狭帯域スペクトログラム**と呼びます。

図3.14 は，1秒ごとに周波数が 500 Hz ずつ大きくなっていくサイン波に対して，窓の大きさを 20 ms にして求めた狭帯域スペクトログラムになっています。狭帯域スペクトログラムは，周波数特性が変化した時刻を詳細に割り出すことは苦手ですが，周波数特性の構造を精度よく調べるうえで威力を発揮します。

図3.13 狭帯域スペクトログラムの時間分解能と周波数分解能

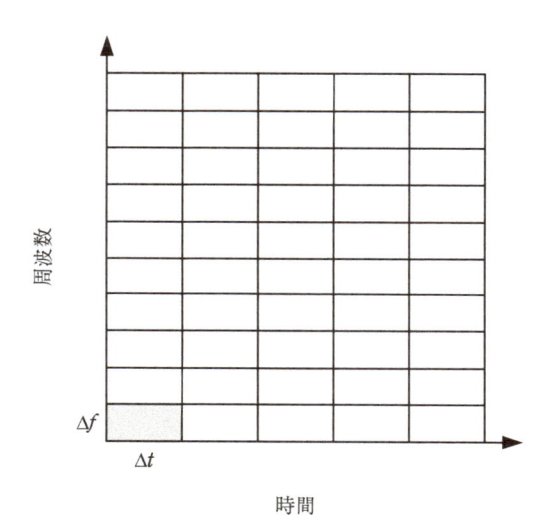

図3.14 狭帯域スペクトログラム

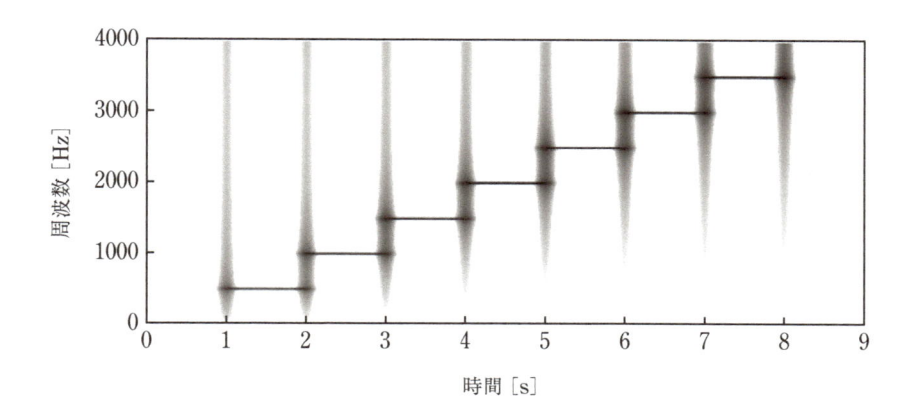

3.10 Audacity

コンピュータを使って音を観察するツールの使い方を覚えると、音響学の勉強をより実践的なものにすることができるでしょう。こうしたツールにはさまざまなものがありますが、定番のひとつとして利用されているのが「Audacity（オーダシティ）」です。Audacityはフリーソフトとして公開されており、⊙ http://audacity.sourceforge.net/download/ から無料でダウンロードすることができます。

図3.15に示すように、Audacityにはスペクトログラムを表示する機能が備わっています。スペクトログラムの時間分解能と周波数分解能は、周波数分析の窓の大きさによって左右されますが、Audacityの場合は、「編集」メニューから「設定」を選択し、図3.16に示すように、「スペクトログラム」の設定で「ウィンドウサイズ」を変更すると窓の大きさを変更できます。ウィンドウサイズを小さくすると広帯域スペクトログラム、ウィンドウサイズを大きくすると狭帯域スペクトログラムを表示することができます。

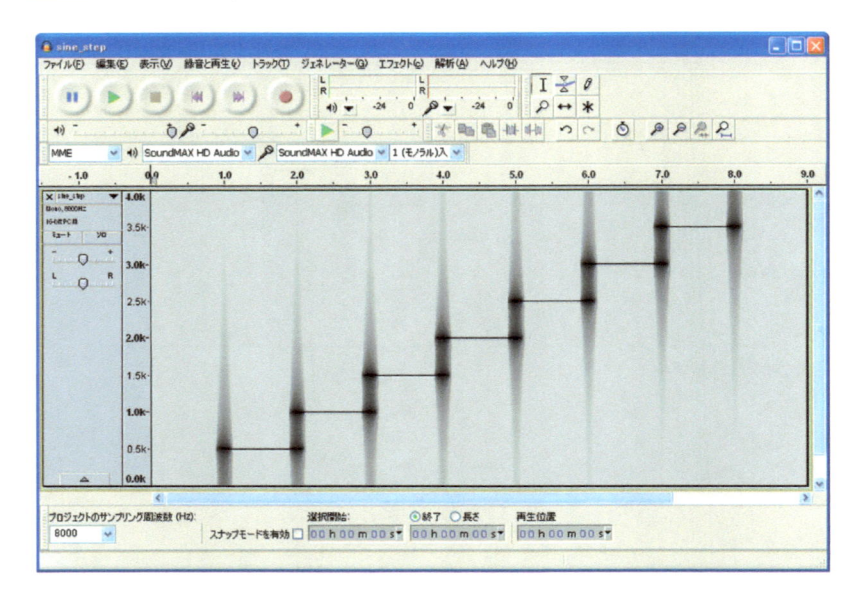

図3.15 Audacity

図3.16 Audacityにおけるスペクトログラムの設定

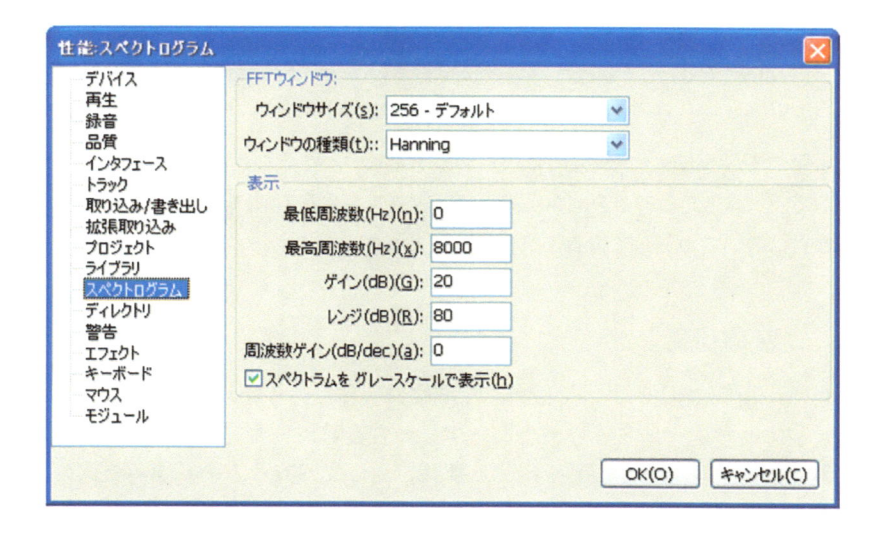

第 4 章 音の性質

　水面に広がる波紋と同様，音は波としてふるまい，空気など振動を伝える媒質を通して四方八方あらゆる方向へ伝搬していきます。本章では，こうした音の物理的な性質について勉強してみることにしましょう。

4.1　音の伝搬

　物体の衝突や摩擦によって生じる振動が，音という物理現象の正体です。図4.1 に示すように，音の発生源，すなわち**音源**から放射された音は**波**としてふるまい，空気など振動を伝える**媒質**を通して四方八方あらゆる方向へ伝搬していきます。

　人工的に音を鳴らす装置であるスピーカーも音源のひとつにほかなりません。図4.2 に示すように，スピーカーの振動板は電気信号の波形の通りに変形し，周囲の空気を押したり引いたりすることで空気の圧力変化を作り出します。こうした空気の圧力変化は波としての性質を示し，音として周囲に広

図4.1　音の伝搬

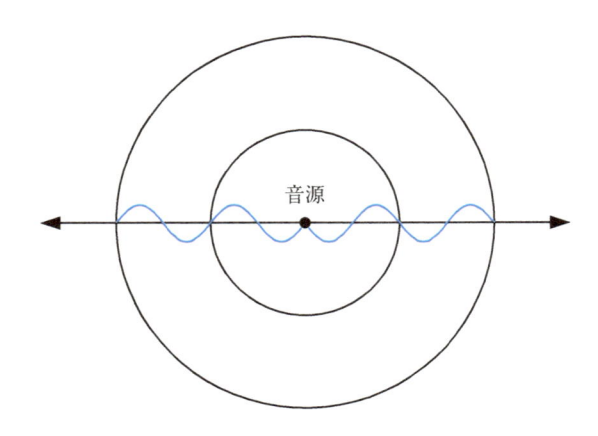

図4.2 スピーカーの振動：(a) 電気信号，(b) スピーカーの振動板

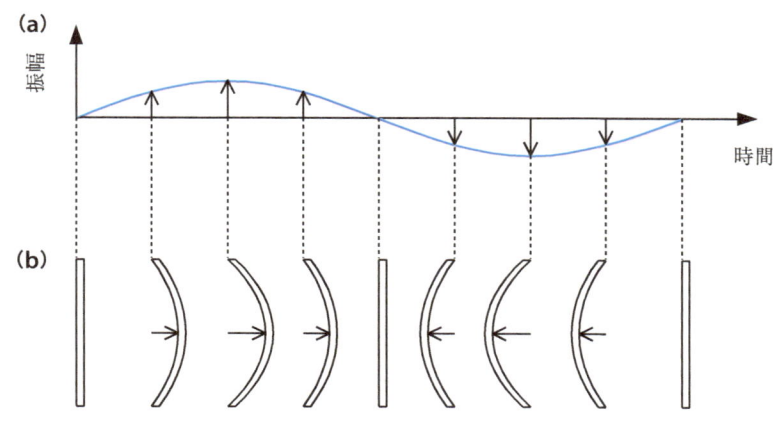

がっていきます。

4.2 横波と縦波

波といえば，水面に広がる「波紋」を真っ先に思い浮かべる方も多いのではないでしょうか。

水面に物体を投げ入れると，水面が上下することで生じる山と谷が波紋となって周囲に伝搬していきます。図4.3(a) に示すように，こうした波は，波の進行方向と垂直の方向に媒質が振動するため，**横波**と呼ばれます。

波として周囲に伝搬していくのは音も同じです。ただし，そのしくみは水面に広がる波紋とは様子が異なっており，空気の圧力変化によって生じる空気分子の密度の変化が周囲に伝搬していくのが音の特徴になっています。図4.3(b) に示すように，こうした波は，波の進行方向と同じ方向に媒質が振動するため，**縦波**と呼ばれます。

図4.4 は，サイン波の音が伝搬していく様子を縦波として表現したものになっています。時間の経過とともに，しだいに遠くまで音が伝搬していくことがおわかりいただけるでしょうか。

もちろん，本来の物理現象に照らし合わせると，音は縦波として表現する

図4.3 波の種類：(a) 横波，(b) 縦波

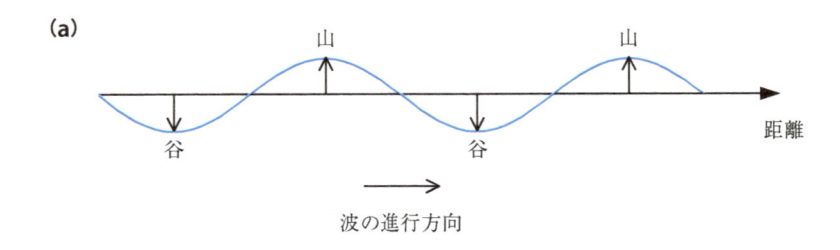

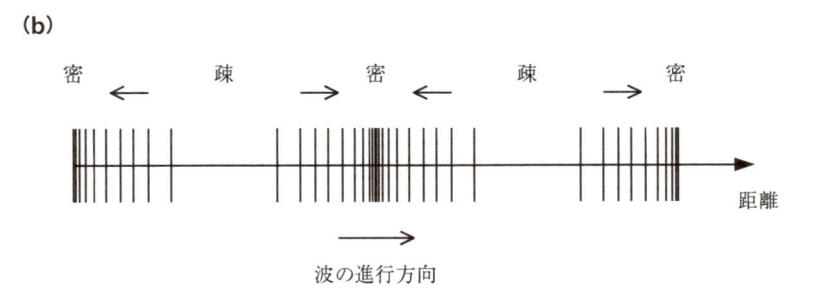

(a)

(b)

のが正しいといえるでしょう。しかし，こうした縦波の表現はおおまかな傾向を把握するのには役立っても，かならずしも音の特徴をくわしく観察するのには適していません。そのため，あくまでも便宜的な方法にすぎませんが，空気分子の変位を縦軸にとり，縦波を横波に置き換えて表現することが，音を表現するための一般的な方法になっています。

図4.5 は，サイン波の音が伝搬していく様子を横波として表現したものになっています。横波として表現したほうが音の特徴を観察しやすくなることがおわかりいただけるでしょうか。

4.2 横波と縦波

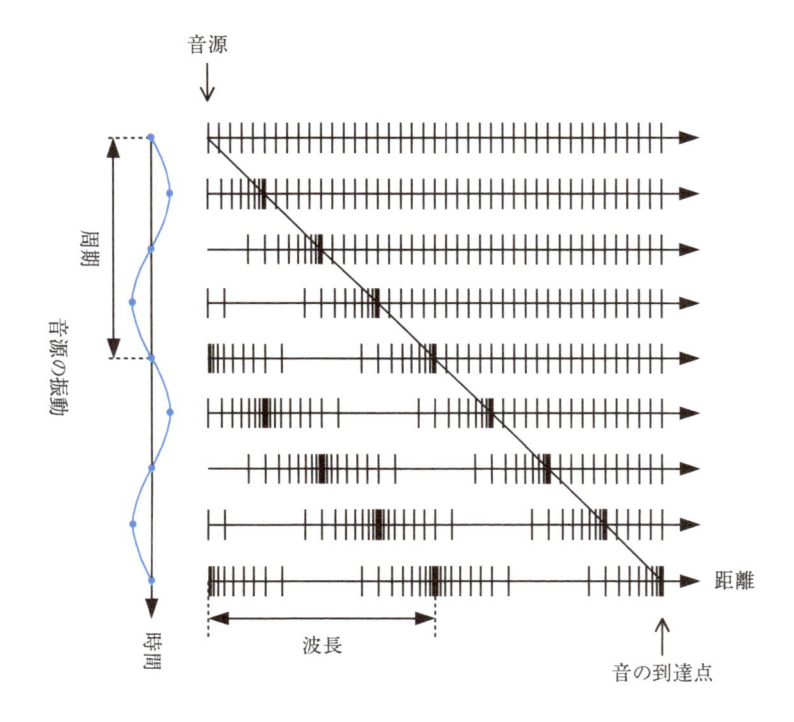

図4.4 音の伝搬（縦波として表現した場合）

図4.5 音の伝搬（横波として表現した場合）

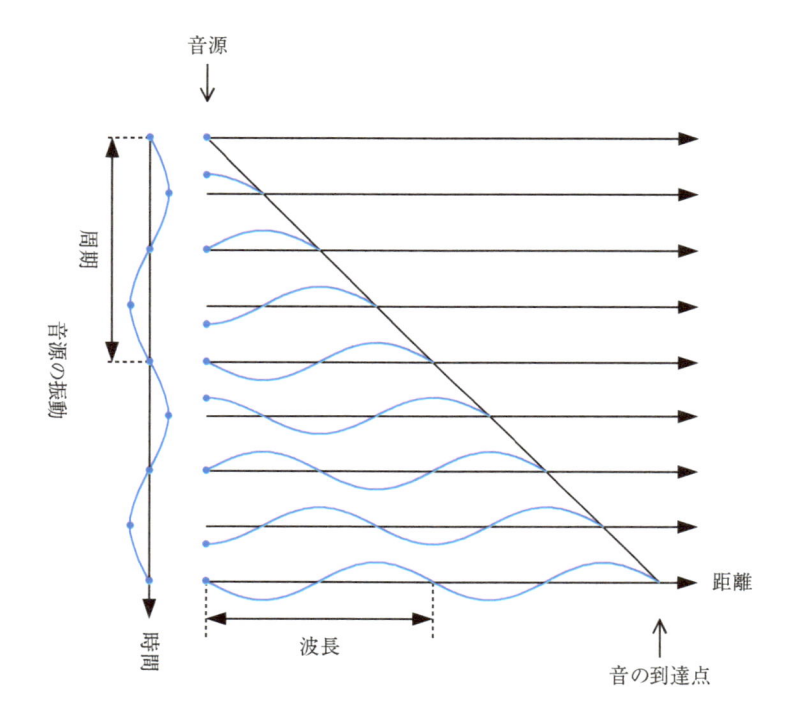

4.3 音速

　音の速度，すなわち**音速**は，音が伝搬していくときの1秒間あたりの距離として定義されます。音速の単位は「m/s（メートル毎秒）」です。

　図4.6 に示すように，空気中の音速は気温が高くなるにつれてしだいに大きくなっていきます。気温を t とすると，空気中の音速 v はつぎのように定義することができます。

$$v = 331.5 + 0.61t \tag{4.1}$$

　一般に，空気中の音速は 340 m/s とされていますが，これは気温がおよそ 14℃のときの音速になっています。

図 4.6 気温による音速の変化

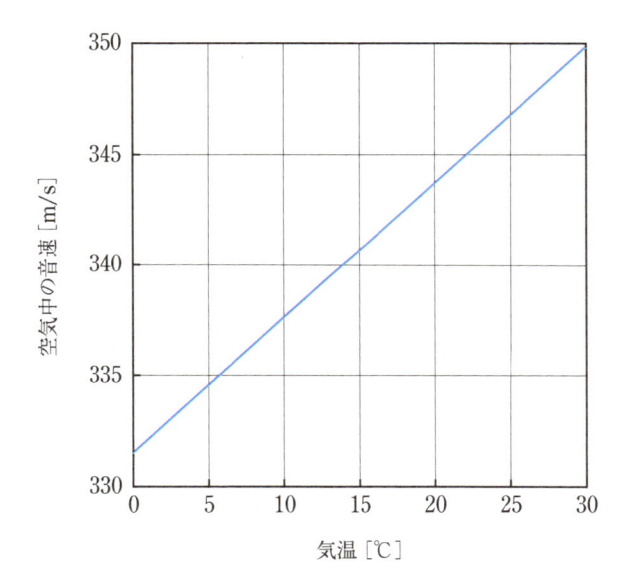

4.4 波長と周波数

図 4.7 は，横軸を距離として，サイン波の音が周囲に伝搬していくときの音源から到達点までの様子を表したものになっています。これは，ちょうど図 4.5 の一番下に示した波形そのものになっています。

このように，距離に着目して波の振動を観察したとき，1 回あたりの波の振動にかかる距離を**波長**と呼びます。波長の単位は「m（メートル）」です。

図 4.7 波長

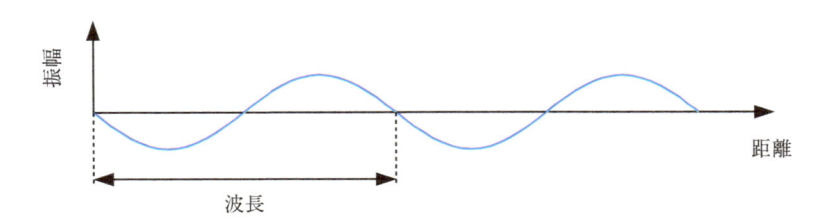

1秒間あたりの波の進行距離が音速，1秒間あたりの波の繰り返し回数が周波数になるため，音速を v とすると，波長 λ（ラムダ）と周波数 f_0 の関係はつぎのように定義できます。

$$f_0 = \frac{v}{\lambda} \tag{4.2}$$

たとえば，周波数が 500 Hz のサイン波の場合，音速を 340 m/s とすると，波長はつぎのように計算できます。

$$\lambda = \frac{v}{f_0} = \frac{340 \text{ m/s}}{500 \text{ Hz}} = 0.68 \text{ m} \tag{4.3}$$

波長と周波数は反比例します。波長が大きいと周波数は小さくなり，波長が小さいと周波数は大きくなることをぜひ覚えておきましょう。

4.5 周期と周波数

図4.8 は，横軸を時間として，サイン波の音が周囲に伝搬していくときの音源の様子を表したものになっています。これは，ちょうど図4.5の左端に示した波形そのものになっています。

このように，時間に着目して波の振動を観察したとき，1回あたりの波の振動にかかる時間を**周期**と呼びます。周期の単位は「s（秒）」です。1秒間あたりの波の繰り返し回数が周波数になるため，周期 t_0 と周波数 f_0 の関係はつぎのように定義できます。

$$f_0 = \frac{1}{t_0} \tag{4.4}$$

たとえば，周波数が 500 Hz のサイン波の場合，周期はつぎのように計算

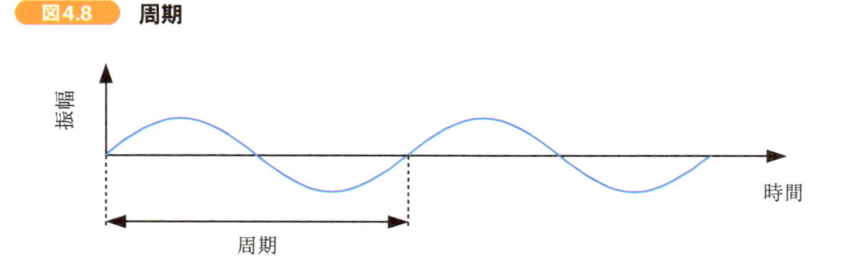

図4.8 **周期**

できます。

$$t_0 = \frac{1}{f_0} = \frac{1}{500\,\text{Hz}} = 0.002\,\text{s} \qquad (4.5)$$

周期と周波数は反比例します。周期が大きいと周波数は小さくなり，周期が小さいと周波数は大きくなることをぜひ覚えておきましょう。

4.6　回折

波としての音の性質は，日常生活のなかで知らず知らずのうちに経験しているものが数多くあります。

たとえば，「音はすれども姿は見えず」という言葉通り，障害物があっても音が背後に回り込んで聞こえてくることは皆さんもよくご存知のことと思います。このように，波が障害物の背後に回り込んで伝搬していく現象を**回折**と呼びます。

回折の効果は，障害物のサイズよりも波長が大きいときに顕著に現れます。図 4.9(a) に示すように，波長が小さい音，すなわち周波数が高い音は回折しにくいため，障害物の背後に音が聞こえなくなる影の部分ができます。一方，図 4.9(b) に示すように，波長が大きい音，すなわち周波数が低い音は回折しやすいため，障害物の背後でも音が聞こえます。

図4.9　回折：（a）周波数が高い場合，（b）周波数が低い場合

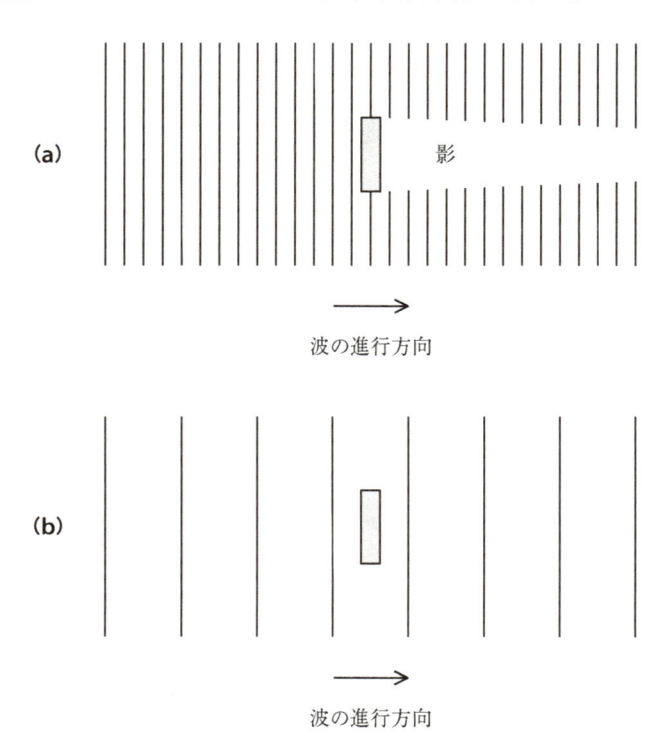

(a)

波の進行方向

(b)

波の進行方向

4.7　屈折

異なる媒質の境界で波の伝搬する方向が折れ曲がることを**屈折**と呼びます。

屈折は波に特有の性質です。水を入れたコップにさしたストローが折れ曲がって見えることは皆さんもよくご存知のことと思います。光は波の一種であり，水と空気の境界で屈折することが，こうした光景を作り出す原因になっています。

光と同様，音も屈折します。図 4.10 に示すように，音がななめに入射する場合，隣り合った媒質の音速をそれぞれ v_a と v_b とすると，屈折の角度 a と b の関係はつぎのように定義できます。

> **図4.10** 屈折：（a）音速が大きい媒質から小さい媒質に音が入射する場合，（b）音速が小さい媒質から大きい媒質に音が入射する場合

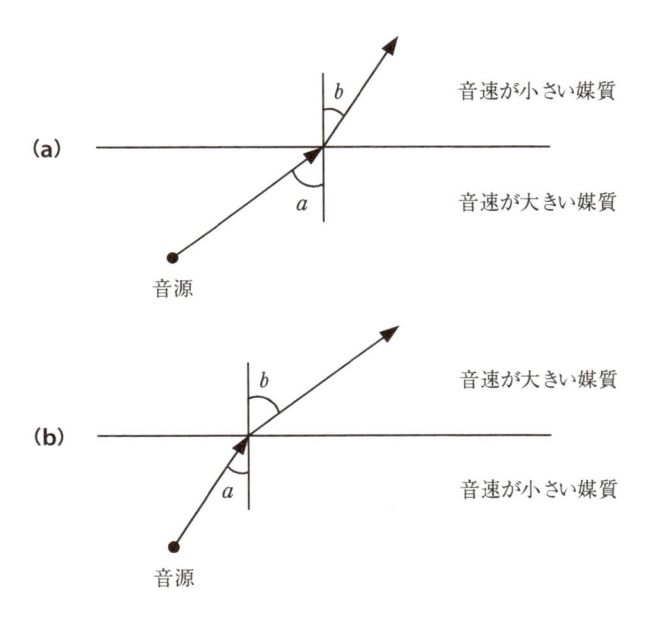

$$\frac{\sin a}{\sin b} = \frac{v_a}{v_b} \tag{4.6}$$

屋外で音が伝搬するとき，昼間よりも夜間のほうが遠くの音がよく聞こえるのは屈折が原因です。

図4.11(a) に示すように，昼間は上空の気温のほうが低く，音速が小さいため，音はしだいに垂直方向に折れ曲がりながら伝搬していきます。そのため，音は狭い範囲にしか伝搬しません。

一方，図4.11(b) に示すように，夜間は上空の気温のほうが高く，音速が大きいため，音はしだいに水平方向に折れ曲がりながら伝搬していきます。そのため，音は広い範囲に伝搬することになります。

第4章◆音の性質

図4.11 音の伝搬：（a）昼間，（b）夜間

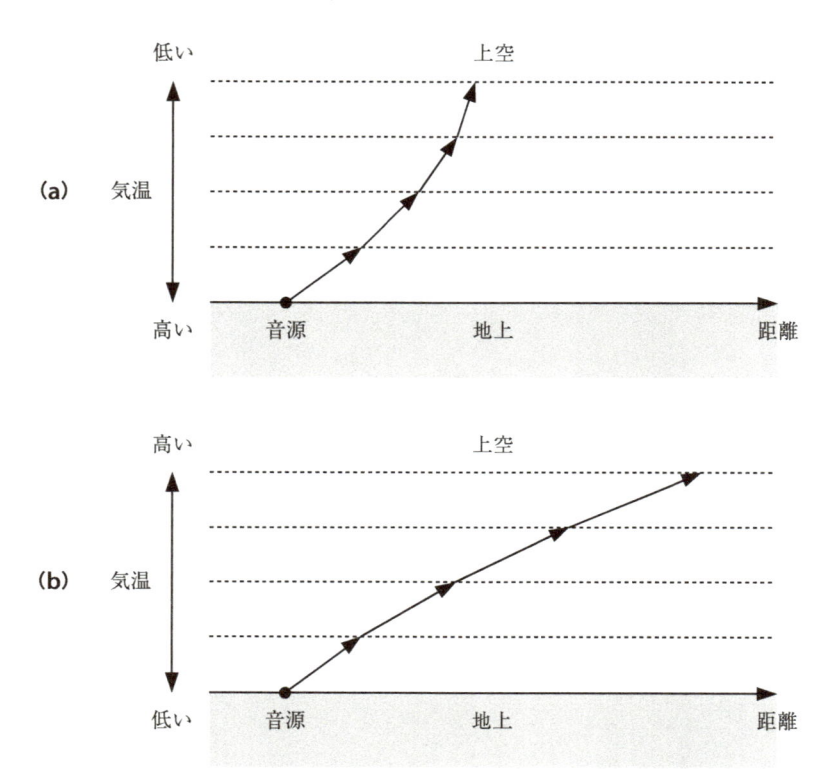

4.8 反射

図 4.12 に示すように，音は壁にぶつかるとはね返ります。こうした音のはね返りを**反射**と呼びます。

反射はコンサートホールにとって不可欠の存在です。図 4.13 に示すように，コンサートホールで音を鳴らすと，音源から受音点まで直接的に伝搬する音のほか，壁や天井で反射して間接的に伝搬する**残響音**が聞こえてきます。こうした残響音をつけ加えることで空間的な広がりのある音を作り出すのがコンサートホールの音響効果の特徴になっています。

じつは，音楽制作では，残響音を人工的につけ加えるしくみとして**リバー**

図4.12 反射

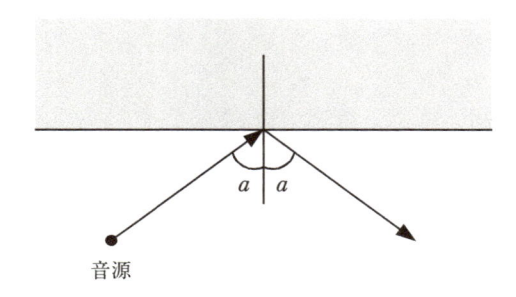

図4.13 コンサートホール

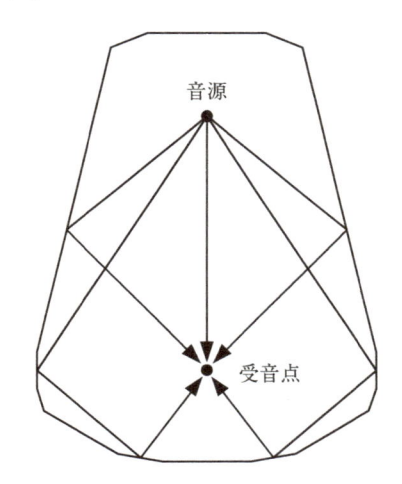

ブと呼ばれるサウンドエフェクトのテクニックを頻繁に利用しています。いわゆる「カラオケのエコー」といえばわかりやすいでしょうか。小さなスタジオで録音した音であっても、後からリバーブをかけると、まるで大きなコンサートホールで演奏したような音に変化させることができます。

音は四方八方あらゆる方向へ伝搬していきますが、反射によって音を導くと、特定の方向に遠くまで音を伝えることができます。ロンドンのセントポール大聖堂にある「ウィスパリングギャラリー」や、北京の天壇公園にある「回音壁」など、世界各地にある「ささやきの壁」は、こうした現象を体験でき

る観光名所になっています。

図4.14に示すように，ゆるやかに弧を描くようにして作られた壁がガイドになり，反射を繰り返すことで壁に沿って音が伝搬していくのが，ささやきの壁のしくみになっています。遠くにいる人がまるで隣でしゃべっているように聞こえるのが，こうした壁の面白さになっています。

図4.14　ささやきの壁

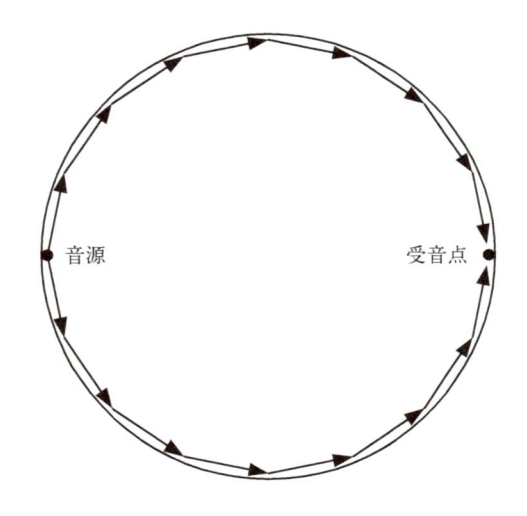

4.9 干渉

複数の波を重ね合わせることで波が強め合ったり弱め合ったりする現象を**干渉**と呼びます。

図4.15(a)に示すように，ふたつの波形の位相が一致する場合，すなわち，山と山，谷と谷を合わせるようにしてサイン波を重ね合わせると波形が足し算されるため，音は大きくなります。一方，図4.15(b)に示すように，ふたつの波形の位相が逆になる場合，すなわち，山と谷を合わせるようにしてサイン波を重ね合わせると波形が引き算されるため，音は小さくなります。

こうした干渉の性質を利用して騒音を軽減するアイデアが**アクティブノイズコントロール**と呼ばれるしくみです。これは，位相が逆になっている音を人工的に作り出し，騒音に重ね合わせることで騒音を打ち消すテクニックとなっています。アクティブノイズコントロールのヘッドフォンを利用すれば，飛行機の機内のようにさわがしい環境でも，周囲の雑音を軽減して音楽を楽しむことができます。

図4.15 干渉：(a) 波形の位相が一致する場合，(b) 波形の位相が逆になる場合

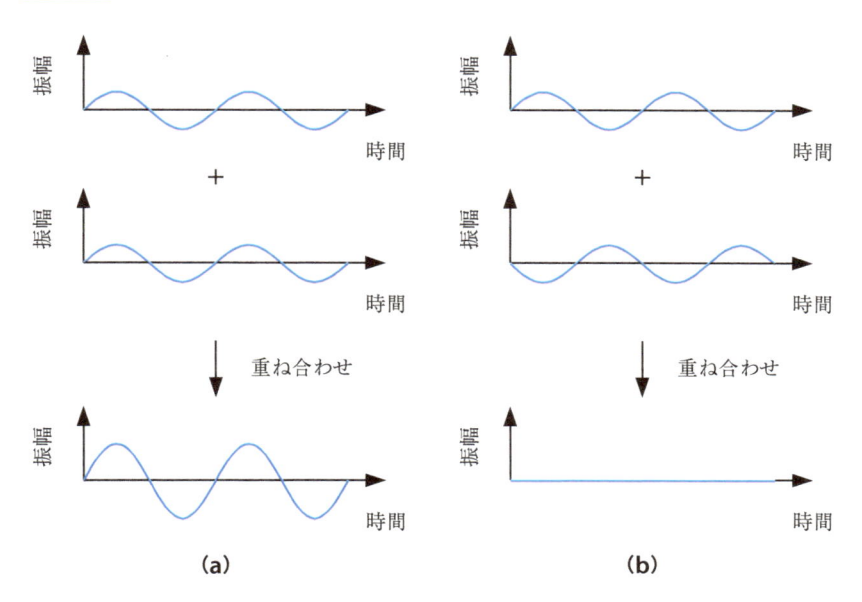

4.10 共鳴

コップのように，一方が開き，もう一方が閉じた**閉管**のなかで音を鳴らすと，じつは，管の外に出ようとする音の一部が管の口で反射し，その音がさらに管の底で反射するという多重反射を繰り返すことになります。

図 4.16 に示すように，管の口で音が反射する場合は，位相はそのままで波の進行方向だけが逆になります。一方，管の底で音が反射する場合は，波の進行方向が逆になるだけでなく位相も逆になります。

こうした**進行波**と**後退波**は，閉管のなかでお互いに干渉し合うことになり

図4.16 閉管の多重反射

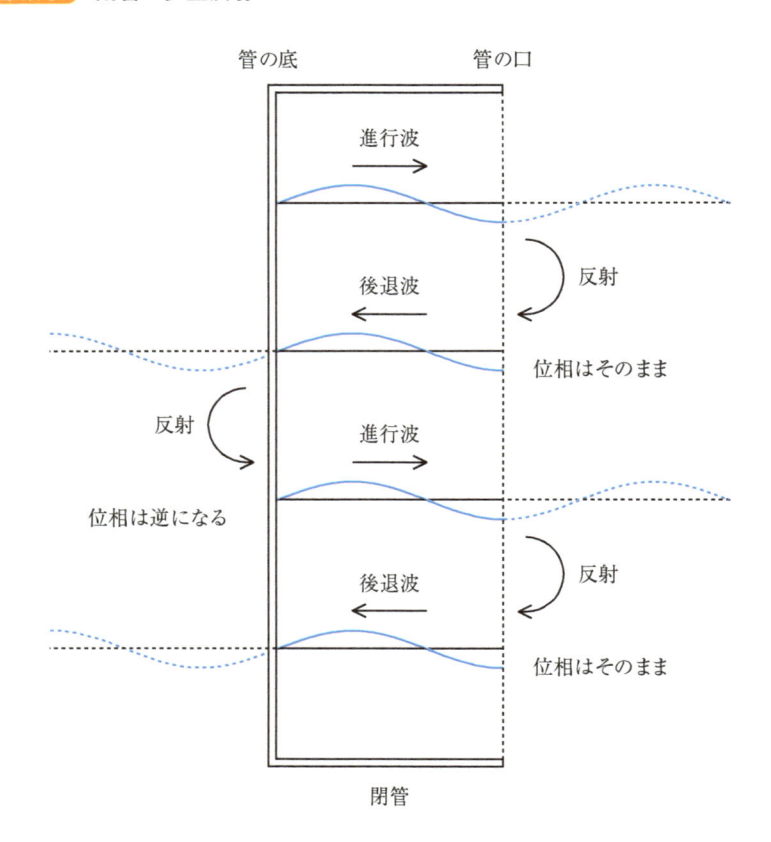

ますが，特定の周波数のときに波形の位相が一致し，音が大きくなります。このように，波の反射と干渉によって特定の周波数の音が強調される現象を**共鳴**と呼びます。また，共鳴によって強調される周波数を**共鳴周波数**と呼びます。

図 4.17 に示すように，進行波と後退波を重ね合わせると，波がどちらの方向にも進まず，その場で振動を繰り返す**定在波**が生じることが共鳴の特徴になっています。定在波には最も大きく振動する部分とまったく振動しない部分があり，管の口のように最も大きく振動する部分を**腹**，管の底のようにまったく振動しない部分を**節**と呼びます。

じつは，このように，管の口が腹，管の底が節になるのが，閉管の共鳴の条件になっています。こうした条件を満足する共鳴周波数は無数に存在しますが，これらを周波数が低いものから順番に $F1$, $F2$, $F3$, $F4$ とすると，図 4.18 に示すように，管の長さが波長の 1/4 となる周波数が $F1$ になり，そのほかの共鳴周波数はすべて $F1$ の奇数倍になることがわかります。

たとえば，管の長さが 17 cm の場合，音速を 340 m/s とすると，$F1$ はつぎのように計算できます。

$$F1 = \frac{340 \text{ m/s}}{0.17 \text{ m} \times 4} = 500 \text{ Hz} \tag{4.7}$$

$F1$ の奇数倍の周波数はすべて閉管の共鳴周波数になるため，図 4.19 に示すように，周波数特性に繰り返し強調される部分が現れるのが，閉管の特徴になっています。

皆さんは，クラリネットが閉管の共鳴によって音を鳴らしていることをご存知でしょうか。奇数次の倍音が目立つのがクラリネットの特徴になっていますが，これは，閉管の共鳴によって音を鳴らしていることが理由になっています。第 2 章で説明した矩形波と同様，こうした周波数特性はうつろな音色に共通する特徴になっており，サポートサイトのサンプルを聞き比べてみると，クラリネットと矩形波の音色はどことなく似た雰囲気に聞こえることがおわかりいただけるのではないかと思います。

特定の周波数成分を強調する共鳴のしくみは，一種のフィルタとして解釈することができます。第 5 章であらためて説明しますが，じつは，こうしたフィルタとしての共鳴のしくみは，人間が音声を生成するしくみに深くかかわる重要なポイントになっています。

図4.17 定在波

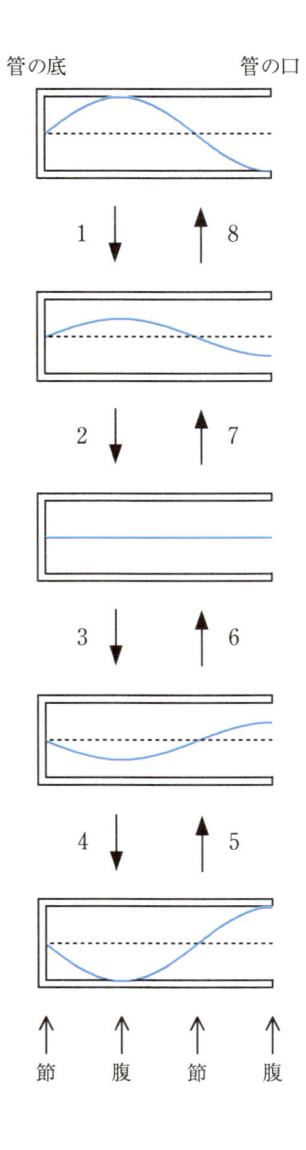

管の底　　　　　　　管の口

1 ↓　8 ↑

2 ↓　7 ↑

3 ↓　6 ↑

4 ↓　5 ↑

↑　↑　↑　↑
節　腹　節　腹

図4.18 閉管の共鳴周波数

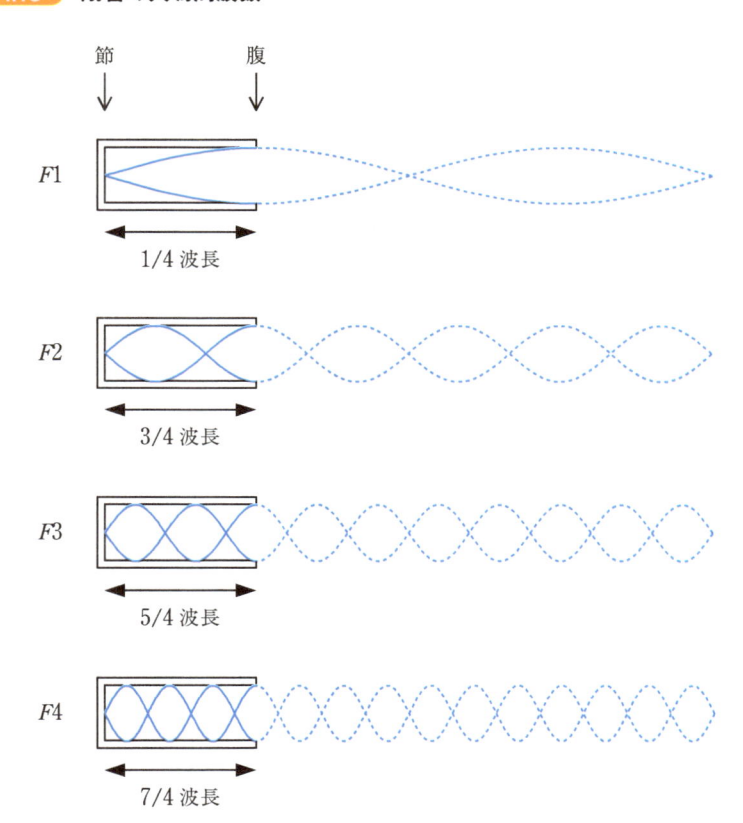

$F1$ — 1/4 波長
節 / 腹

$F2$ — 3/4 波長

$F3$ — 5/4 波長

$F4$ — 7/4 波長

図4.19 閉管の周波数特性

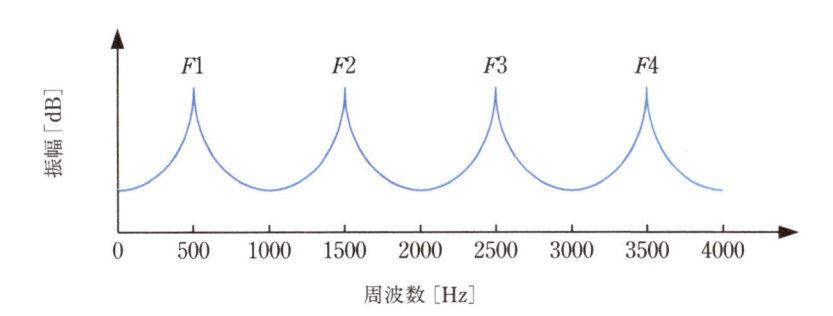

振幅 [dB]

周波数 [Hz]

$F1$, $F2$, $F3$, $F4$

4.11 うなり

周波数が近いふたつの音を同時に鳴らすと、干渉によって振幅が周期的に変化し、**うなり**が聞こえてきます。

図4.20 に示すように、ふたつのサイン波を重ね合わせる場合、それぞれの周波数を f_a と f_b とすると、うなりの周波数はつぎのように計算できます。

$$f = |f_a - f_b| \tag{4.8}$$

サポートサイトのサンプルは、500 Hz と 501 Hz のサイン波によるうなり

図4.20 うなり

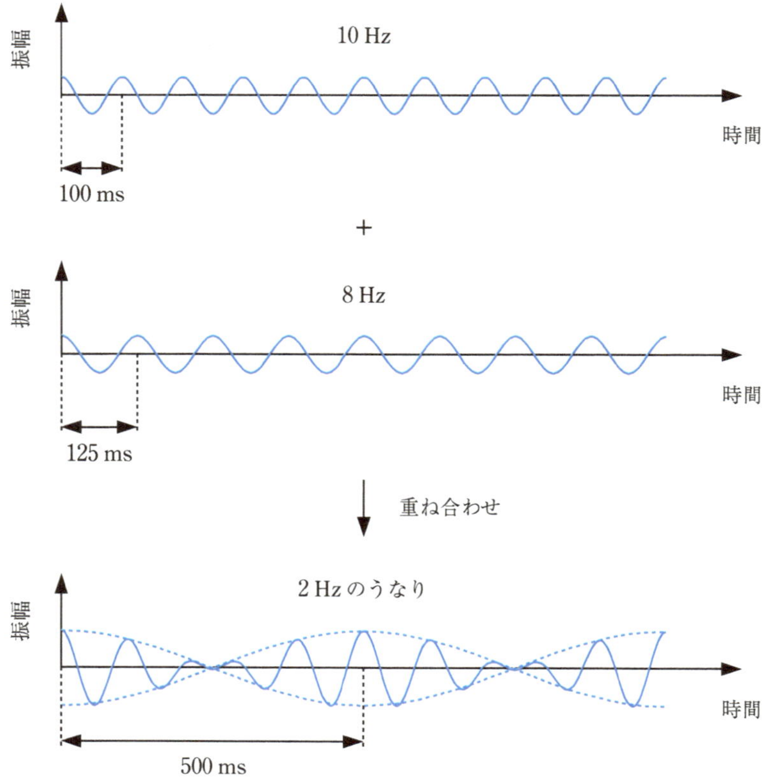

の例になっています．うなりの周波数は 1 Hz になるため，音の大きさは 1 秒を周期として変化することがおわかりいただけるでしょうか．

　周波数がほとんど同じ場合，音の高さの微妙な違いを聞き比べるのは至難の業です．しかし，うなりを手がかりにすれば，音の高さのずれに簡単に気づくことができます．こうした特徴を逆手にとり，音の高さが揃うとうなりが消えることを利用しているのが，ピアノやギターといった楽器の調律のしくみになっています．

　うなりはサウンドエフェクトのテクニックとしても利用されています．わずかに周波数が異なるふたつの音を重ね合わせると，空間的な広がりのある音を作り出すことができます．こうした効果は**デチューン**と呼ばれ，シンセサイザーによる音作りの方法として利用されています．

4.12　ドップラー効果

　救急車が目の前を通過する際，サイレンが高い音から低い音に変化することは皆さんもよくご存知のことでしょう．

　このように，音源と聴取者の相対的な位置が時間とともに変化するとき，音の高さが変化する現象を**ドップラー効果**と呼びます．

　図 4.21 に示すように，音源が近づいてくる場合は，相対的な波長が小さくなり，周波数が高くなることから，音は高く聞こえます．一方，音源が遠ざかっていく場合は，相対的な波長が大きくなり，周波数が低くなることから，音は低く聞こえます．

　ドップラー効果によって変化する音の周波数 f' は，音源の周波数を f，音速を v，音源の速度を v_S，聴取者の速度を v_O とすると，つぎのように計算できます．

$$f' = f \times \frac{v - v_O}{v - v_S} \tag{4.9}$$

　たとえば，音源の周波数を 500 Hz，音速を 340 m/s，音源の速度を 20 m/s とすると，立ち止まって音を聞いている聴取者には，音源が近づいてくる場合，音の高さはつぎのように聞こえることになります．

図4.21 ドップラー効果

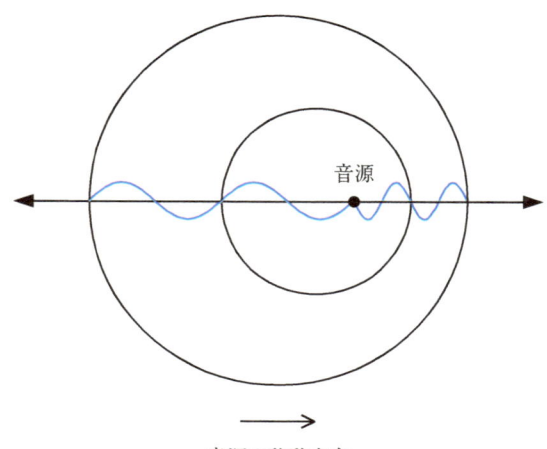

音源

音源の移動方向

$$f' = 500\,\text{Hz} \times \frac{340\,\text{m/s} - 0\,\text{m/s}}{340\,\text{m/s} - 20\,\text{m/s}} = 531.25\,\text{Hz} \tag{4.10}$$

一方，音源が遠ざかっていく場合，音の高さはつぎのように聞こえることになります。

$$f' = 500\,\text{Hz} \times \frac{340\,\text{m/s} - 0\,\text{m/s}}{340\,\text{m/s} + 20\,\text{m/s}} = 472.22\,\text{Hz} \tag{4.11}$$

4.13　音の媒質

　音を伝える媒質は空気だけとは限りません。振動を伝えることができれば，じつはどのようなものでも音を伝える媒質になります。たとえば，壁越しに部屋の音が外にもれることは皆さんもよくご存知のことでしょう。このように，気体だけでなく，液体や固体も音を伝える媒質になります。

　図 4.22 に示すように，媒質によって音速は変化します。たとえば，窒素と酸素の混合気体である空気に比べて，それよりも軽い水素やヘリウムのほうが，音速は大きくなります。また，気体に比べて，水などの液体，鉄などの固体のほうが，音速は大きくなります。

　水中では光より音のほうが伝搬しやすく，光が届きにくい深海では，音を使って物体を探索する**ソナー**が，周囲の状況を調べるためのセンサーとして利用されています。

　音を鳴らし，その反射を調べることで物体までの距離を測るのが一般的なソナーのしくみになっています。こうした用途には，物体で回折せずに反射する音が適しているため，ソナーには人間の聴覚では知覚できないほど高い周波数の**超音波**が利用されています。人間の聴覚が知覚できる音の範囲については，第 7 章であらためて説明することにします。

図4.22　**さまざまな媒質の音速（単位：m/s）**

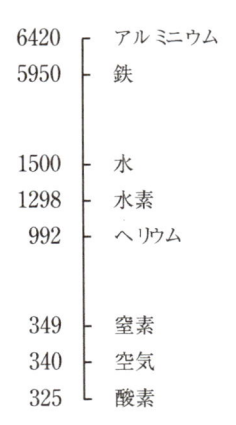

音速	媒質
6420	アルミニウム
5950	鉄
1500	水
1298	水素
992	ヘリウム
349	窒素
340	空気
325	酸素

第5章 音声

人間のコミュニケーションの手段である音声は，私たちにとって最も身近な音といえるでしょう。本章では，人間が音声を生成するしくみに焦点をあて，音声の基本的な特徴について勉強してみることにしましょう。

5.1 音声の特徴

音声は言語情報を伝達する音であることから，ともすれば，ほかの音とはまったく異なる特殊なものとして思われがちです。しかし，音声もやはり音のひとつであることに変わりはありません。

これまで説明してきたように，音の特徴を理解するには，**音の大きさ**，**音の高さ**，**音色**について調べることが第一歩になります。波形や周波数特性を観察し，こうした音の特徴を割り出すことは，人間には音がどのように聞こえているのか理解するうえで重要な手がかりを与えてくれます。

このことは音声であってもやはり同じです。ただし，音声の場合，音の大きさは**声の大きさ**，音の高さは**声の高さ**，音色は**音韻**と呼ぶことが一般的でしょう。これらの組み合わせがさまざまな言語情報に対応することが，ほかの音とは異なる音声ならではの特徴になっています。

5.2 音声器官

図 5.1 に，音声の生成にかかわる音声器官を示します。音声の生成にとって重要な役割を担っているのは，**声帯**と**声道**と呼ばれるふたつの音声器官です。

声帯は左右に開閉する一種の弁になっており，肺から押し出された呼気によって周期的に振動します。のどに手をあてて「アー」と長めに発声すると手に振動が伝わってきますが，こうした声帯の振動は音声を生成するための音源になっており，**声帯音源**と呼ばれます。

図5.1 音声器官

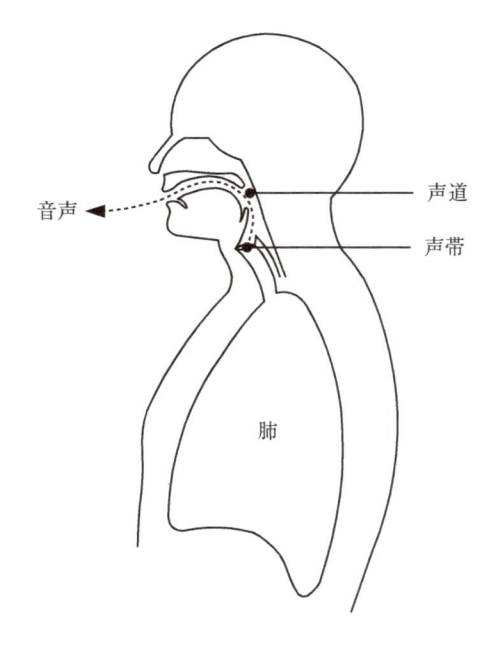

声帯音源を音声に変化させるのが、**口腔**(こうこう)や**鼻腔**(びこう)の役割になっています。言ってみれば、音声の通り道になっていることから、こうした音声器官をまとめて声道と呼びます。口を上下に開いたり、舌を前後に動かしたりすると、声道の形状が変化し、それにともなって音声はさまざまに変化します。こうした声道の形状の変化が、「ア」や「イ」といった音韻の違いを生み出す重要なポイントになっています。

声帯音源と声道はそれぞれ独立にコントロールすることができます。そのため、皆さんもよくご存知の通り、声の大きさや高さはそのままにして音韻を変化させたり、音韻はそのままにして声の大きさや高さを変化させたりすることができます。このように、声の大きさと声の高さは声帯音源によって特徴づけられること、一方、音韻は声道によって特徴づけられることが、音声の生成における重要なポイントになっています。

5.3 ソースフィルタ理論

声帯音源が周期的であれば、それによって生成される音声の波形もまた周期的になります。第2章で説明したように、波形が周期的であれば周波数特性は倍音構造を示すことになりますが、図 5.2 に示すように、特定の周波数成分が目立って大きくなることが音声の特徴になっています。

じつは、こうした特徴は、音声の生成のしくみを理解するうえで重要な手がかりを与えてくれます。

図 5.3 に示すように、**口唇**を管の口、声帯を管の底に対応させると、声道は一種の閉管としてとらえることができます。第4章で説明したように、閉

図5.2 音声：(a) 波形，(b) 周波数特性

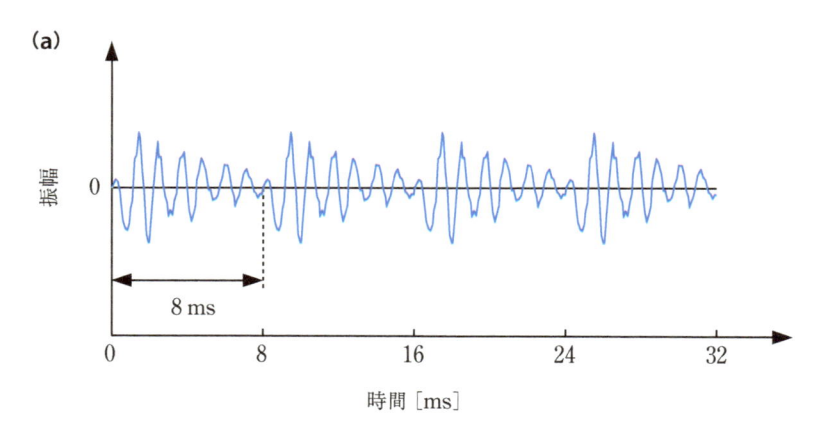

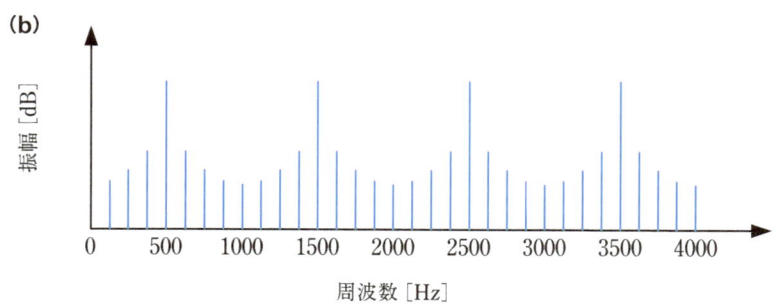

> **図5.3** ソースフィルタ理論

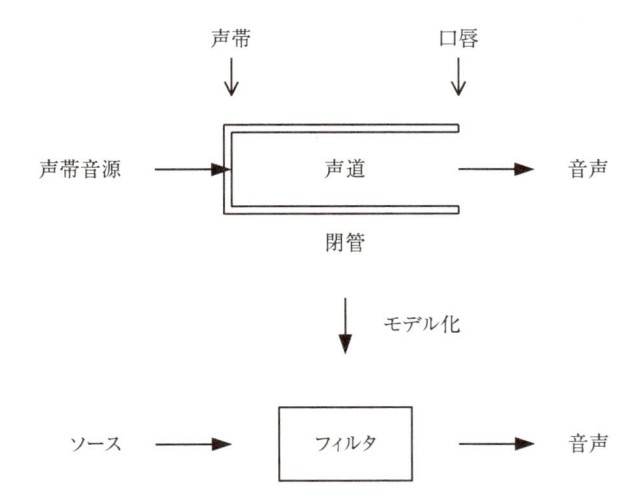

管は，共鳴によって特定の周波数成分を強調する一種のフィルタとして解釈することができます。こうしたフィルタに周期的な音を通過させると，共鳴によって周波数特性が変化し，音声のように特定の周波数成分が目立って大きくなる音が生成されることになります。

このように，音声の生成のしくみを閉管の共鳴によって説明するのが**ソースフィルタ理論**の考え方になっています。ソースとは日本語で「音源」を意味する専門用語になっています。図5.4 に示すように，声帯音源を周期的な音を作り出すためのソース，声道を共鳴によって特定の周波数成分を強調するフィルタととらえて音声の生成のしくみを説明するのがソースフィルタ理論にほかなりません。

声道の周波数特性は，**周波数エンベロープ**とも呼ばれます。音声を生成する際，声帯音源の周波数特性を，まるでステンシルのテンプレートで包み込むようにして成型することが，周波数エンベロープの名前の由来になっています。

第 5 章 ◆ 音声

図5.4 ソースフィルタ理論：(a) 声帯音源（ソース），(b) 声道（フィルタ），(c) 音声

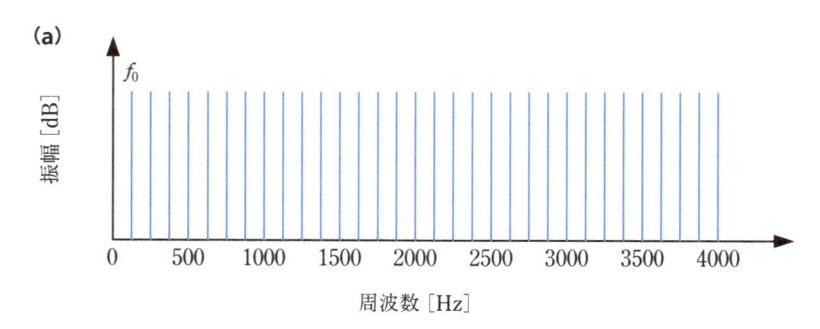

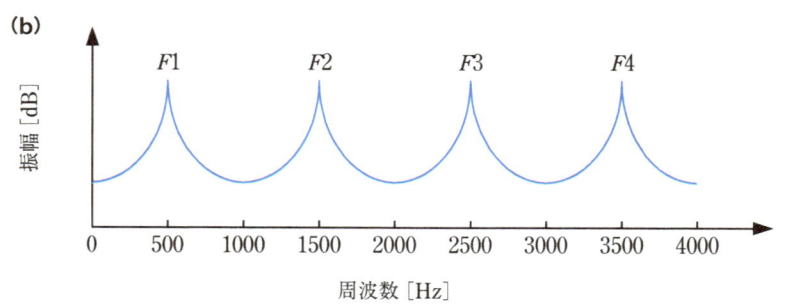

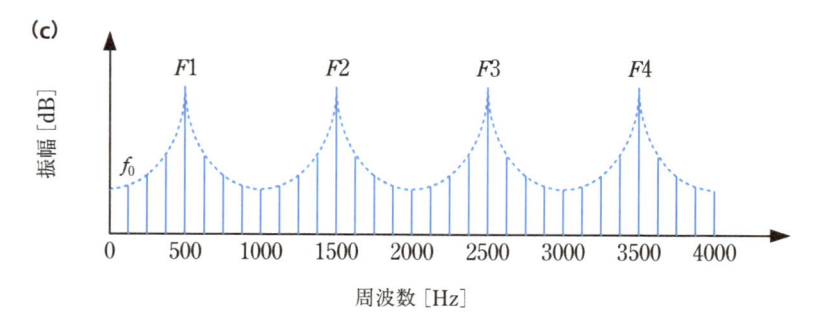

5.4 声帯音源

図5.5 に示すように，声帯を閉じた状態で肺から呼気を押し出すと，声帯が開き，その反動で再び声帯が閉じます。こうした動きを繰り返すことで生

図5.5 声帯の振動

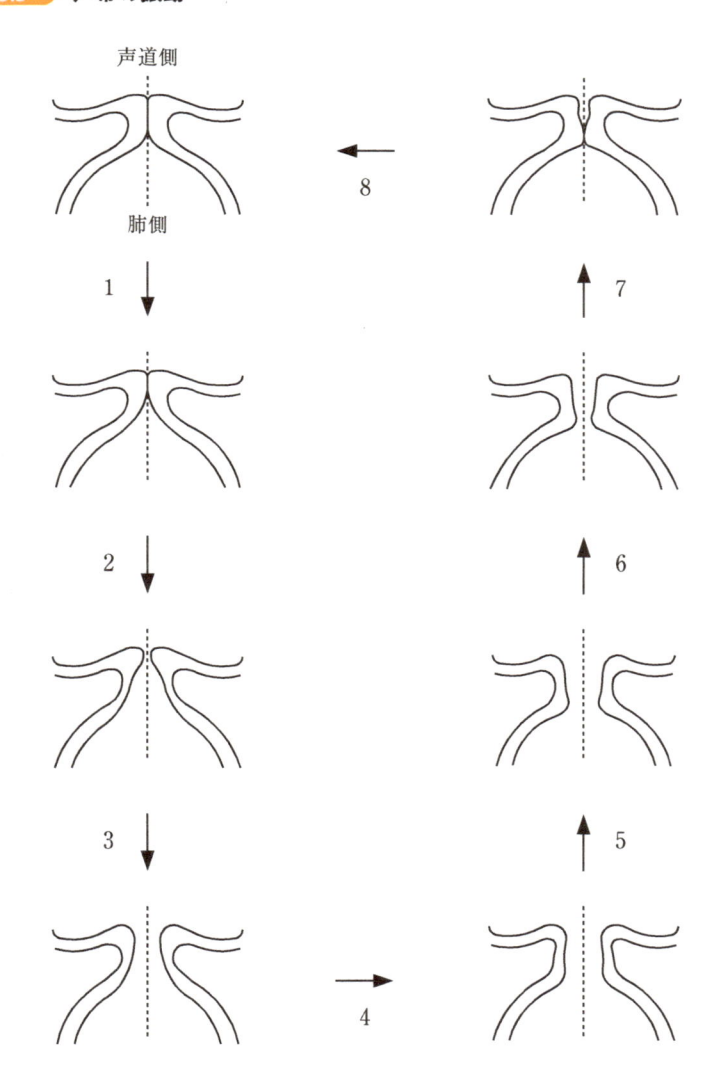

成される周期的な振動が，声帯音源の正体にほかなりません。

図5.6 に示すように，波形が周期的であることから，声帯音源の周波数特性は倍音構造を示すことになります。一般に，声帯音源は，周波数が n 倍に

> **図 5.6** 声帯音源：(a) 波形，(b) 周波数特性

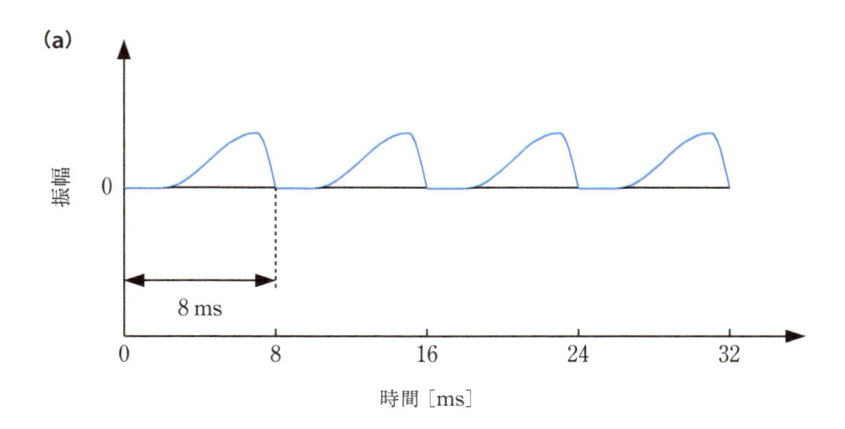

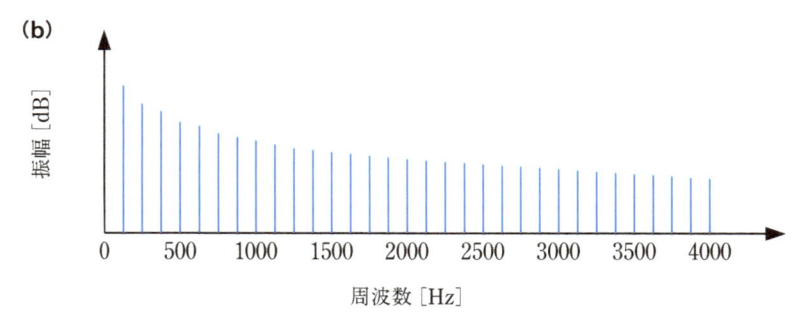

(a) 波形（横軸 時間 [ms]，縦軸 振幅，周期 8 ms）

(b) 周波数特性（横軸 周波数 [Hz]，縦軸 振幅 [dB]）

なると振幅は $1/n^2$ 倍になるという周波数特性を示します。周波数が 2 倍になると振幅は 1/4 倍，すなわち 12 dB 小さくなることから，こうした周波数特性を専門用語では「-12 dB/oct（デシベル・パー・オクターブ）」と表現します。

サポートサイトのサンプルを聞いてみるとおわかりのように，声帯音源はまるでブザー音のように聞こえます。こうした声帯音源が声道を通過すると音声に変化するわけですが，そうは言ってもにわかには信じられないかもしれません。「こんなブザー音が音声になるの？」と思われた方も少なからずいらっしゃるのではないでしょうか。

声の高さは，声帯音源の基本周波数によって決まります。平均の声の高さ

は，成人男性は 100 Hz，成人女性は 200 Hz，子どもは 300 Hz ほどになっており，性別や年齢を判断するうえで重要な手がかりになっています。

皆さんは，**ピッチシフタ**と呼ばれる装置をご存知でしょうか。ピッチシフタは，声の高さのずれを修正するツールとして，音楽制作における歌声の編集などに利用されているものですが，極端に声の高さを変化させると声質が変化し，性別や年齢が変化したように聞こえることが知られています。ピッチシフタを使って一青窈さんが歌っている「もらい泣き」の歌声を低くすると，本来は女性の歌声が男性のように変化し，まるで平井堅さんが歌っているように聞こえるのは，こうした声質変化の有名な例になっています。

逆に，ピッチシフタを使って声を高くすると子供のような声を作り出すことができます。具体例としては，ザ・フォーク・クルセイダースの「帰って来たヨッパライ」や，うるまでるびの「おしりかじり虫」などが有名です。じつは，もう一度ピッチシフタを使って声を低くすると，こうした歌声をもとに戻すことができるのですが，実際に試してみると，子供とばかり思っていた歌声が本来は大人のものだったことに驚かされること請け合いです。

5.5 声道

声道は共鳴によって特定の周波数成分を強調する一種のフィルタにほかなりません。

声道の共鳴によって強調される周波数成分を**フォルマント**と呼びます。フォルマントは無数に存在しますが，これらは，周波数が低いものから順番に，**第 1 フォルマント**（$F1$），**第 2 フォルマント**（$F2$），**第 3 フォルマント**（$F3$），**第 4 フォルマント**（$F4$）と名前がつけられています。

第 4 章で説明したように，断面積が一定の閉管の場合，フォルマントの特徴はごく単純なものになっており，その周波数はすべて $F1$ の奇数倍になります。

一方，声道は，口を上下に開いたり，舌を前後に動かしたりすることで形状が複雑に変化するため，それにともなってフォルマントもさまざまに変化することになります。

図 5.7 は，日本語の 5 母音から割り出した声道の周波数特性です。音韻によってフォルマントはさまざまに変化し，こうした特徴が「ア」や「イ」と

> **図5.7** 声道の周波数特性：(a)「ア」, (b)「イ」, (c)「ウ」, (d)「エ」, (e)「オ」

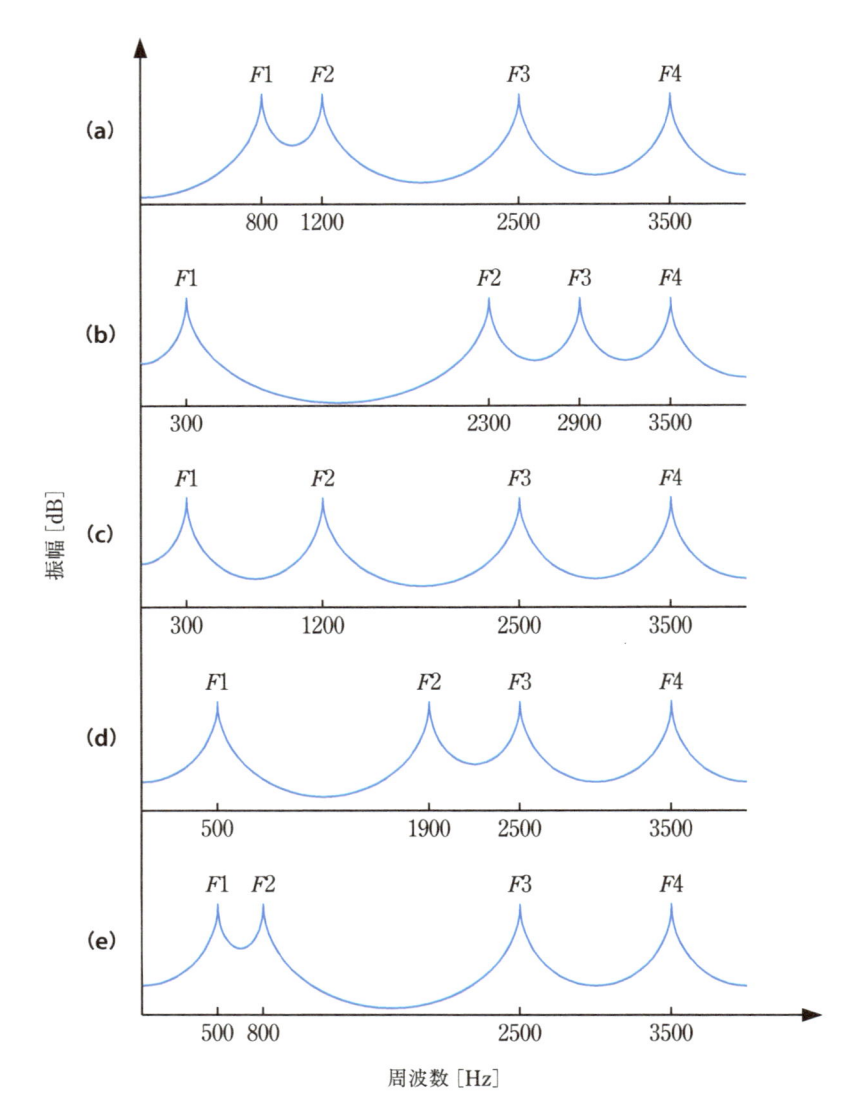

いった音韻の違いを生み出す重要なポイントになっています。

5.6　$F1$–$F2$ ダイアグラム

　フォルマントのなかでも，母音を区別するための重要な手がかりになっているのが $F1$ と $F2$ です。

　$F1$ は舌の最高点の上下位置に対応しており，「ア」，「エ」，「オ」のように，舌の最高点が下よりの場合，$F1$ は高くなります。一方，$F2$ は舌の最高点の前後位置に対応しており，「イ」や「エ」のように，舌の最高点が前よりの場合，$F2$ は高くなります。

　図 5.8 に示すように，横軸を $F1$，縦軸を $F2$ として，$F1$ と $F2$ の関係を表したグラフを，**$F1$–$F2$ ダイアグラム**と呼びます。成人男性が発声した日本語の 5 母音の場合，$F1$ と $F2$ はおおよそこの図に示す通りに分布しており，こうしたフォルマントの特徴を調べることで，それぞれの母音を区別することができます。

図 5.8　成人男性の $F1$–$F2$ ダイアグラム

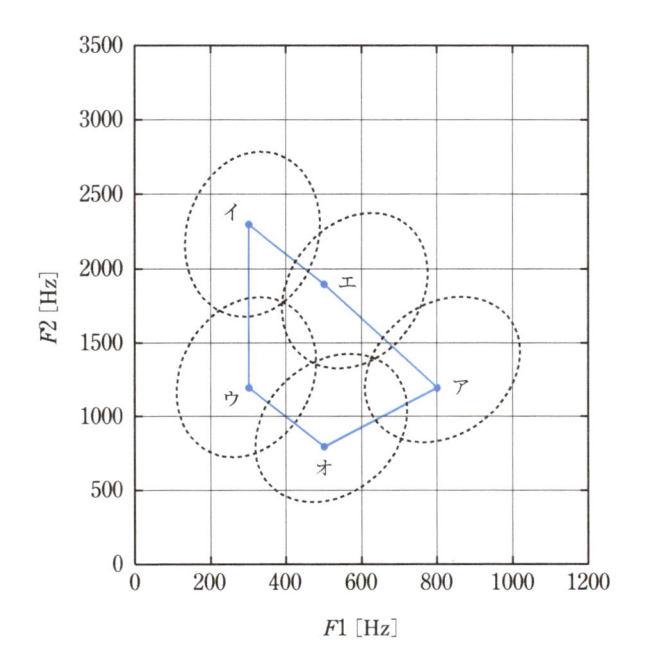

もっとも，フォルマントは性別や年齢によって変化します。平均の声道の長さは，成人男性は 17 cm，成人女性は 15 cm，子どもは 13 cm ほどになっており，こうした声道の特徴によってフォルマントは左右されます。図 5.9 に示すように，フォルマントが最も高いのは子供で，続いて成人女性，成人男性の順番になっています。

このように，フォルマントには個人差があるため，$F1$–$F2$ ダイアグラムをながめただけでは母音の区別がつかない場合があります。しかし，性別や年齢によらず，誰が発音しても「ア」は「ア」に聞こえることは皆さんもよくご存知のことと思います。まるで基準のパターンに照らし合わせるように，性別や年齢によるフォルマントのばらつきを正規化して音韻を判断するのが人間の聴覚の重要な特徴になっています。

図5.9　性別と年齢による $F1$–$F2$ ダイアグラムの変化

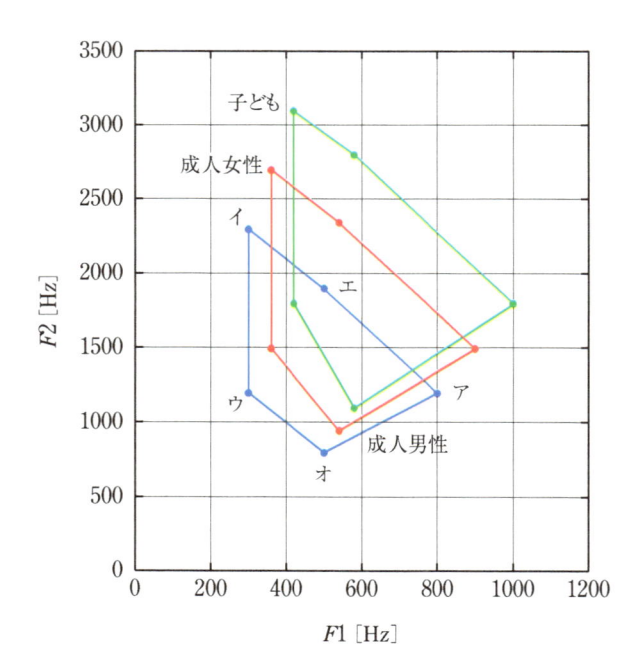

5.7 声紋

第3章で説明したように，音の時間変化を観察するうえで威力を発揮するのがスペクトログラムです。

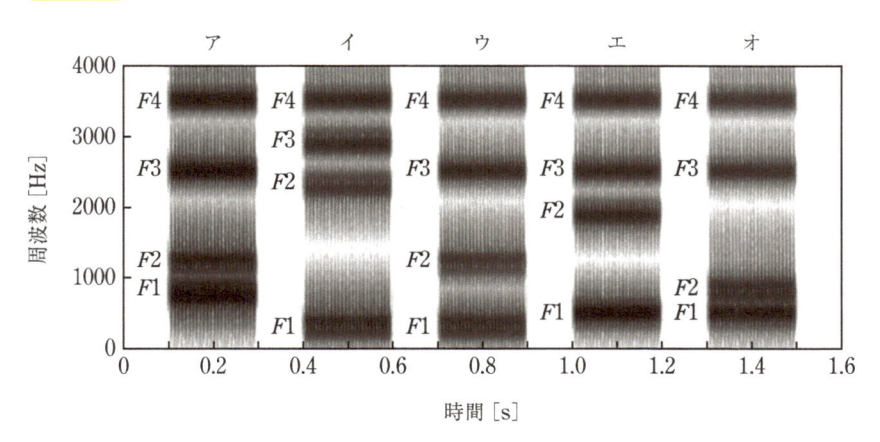

スペクトログラムには**広帯域スペクトログラム**と**狭帯域スペクトログラム**のふたつがあり，時間分解能と周波数分解能のどちらに注目するかによって，それぞれ使い分けられています。

広帯域スペクトログラムは波形を小さく区切って周波数分析を行うため，時間分解能は細かく，周波数分解能は粗くなっています。そのため，図 5.10 に示すように，倍音構造がわかりにくい反面，音のはじまりとおわりが観察しやすくなっています。音声の場合，広帯域スペクトログラムは音韻の時間変化を調べるのに適しているといえるでしょう。

一方，狭帯域スペクトログラムは波形を大きく区切って周波数分析を行うため，時間分解能は粗く，周波数分解能は細かくなっています。そのため，図 5.11 に示すように，音のはじまりとおわりがわかりにくい反面，倍音構造が観察しやすくなっています。音声の場合，狭帯域スペクトログラムは声の高さの時間変化を調べるのに適しているといえるでしょう。

なお，ここでは，日本語の5母音を具体例として，ふたつのスペクトログラムを表示していますが，どちらの場合もスペクトログラムの濃淡からそれ

図5.10　広帯域スペクトログラム

図5.11 狭帯域スペクトログラム

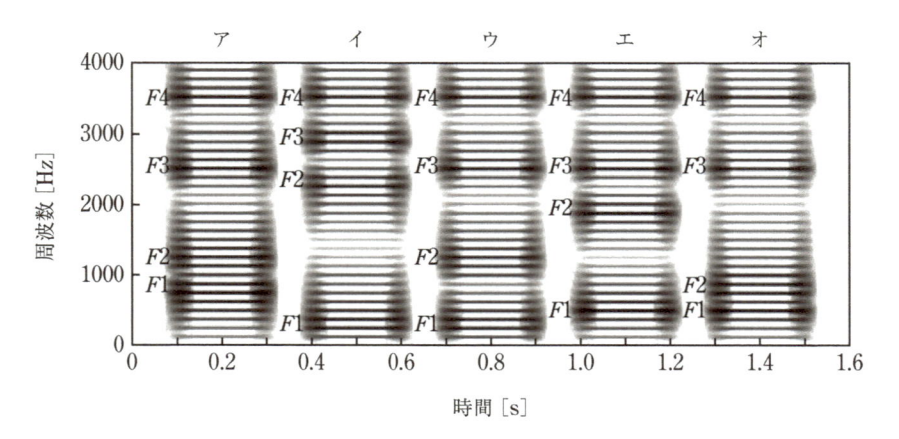

ぞれの母音のフォルマントを読み取れることがおわかりいただけるでしょうか。もっとも，狭帯域スペクトログラムと比べると，広帯域スペクトログラムのほうが帯域ごとの濃淡がわかりやすいため，フォルマントの構造の観察には広帯域スペクトログラムのほうが適しているといえるでしょう。

音声のスペクトログラムは**声紋**と呼ばれることがあります。指紋と同様，音声には個人を特定するための手がかりが含まれていると考えられていることが，声紋の名前の由来になっています。

音声を視覚的に見せる方法としてわかりやすいため，声紋はテレビ番組にもたびたび登場します。もっとも，テレビ番組からは万能の印象を受けますが，じつは，声紋による個人の特定はそれほど簡単なことではありません。風邪をひいて鼻声になることはもちろん，加齢によって音声は大きく変化します。そのため，個人を特定するうえで声紋は指紋ほど確実な証拠にはならず，その信頼性については割り引いて考えることが必要です。

5.8 有声音と無声音

音声の生成のしくみは，声帯音源をソース，声道をフィルタとして説明するのが基本です。しかし，じつは，音声のなかには声帯の振動をともなわずに生成されるものもあります。

図5.12 有声音と無声音：(a) 破裂音，(b) 摩擦音

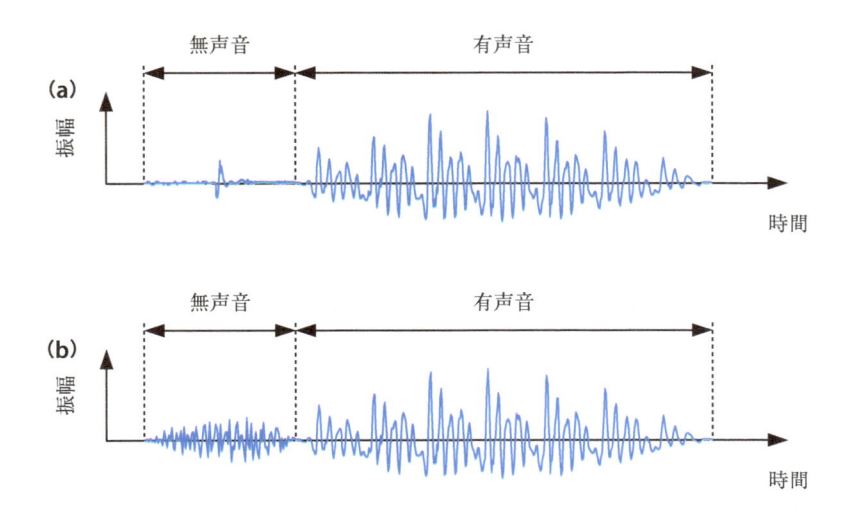

　声帯の振動をともなって生成される音声を**有声音**，声帯の振動をともなわずに生成される音声を**無声音**と呼びます。無声音には，声道を閉鎖し，続いて瞬間的に呼気を開放することで生成される**破裂音**や，声道をせばめ，その隙間に呼気を通過させることで生成される**摩擦音**などがあり，いずれも言語情報を伝達するための重要な音になっています。こうした音声の特徴については，日本語を具体例として，第6章であらためて説明することにします。

　図5.12に示すように，有声音は周期的，無声音は非周期的になることが，音声の波形の特徴になっています。そのため，有声音は線スペクトル，無声音は連続スペクトルになることが，音声の周波数特性の特徴になっています。

5.9　音声合成

　ソースフィルタ理論による音声の生成のしくみは，人工的に音声を作り出す**音声合成**にそのまま応用することができます。

　図5.13に示すように，有声音は –12 dB/oct の声帯音源，無声音は白色雑音をソースとして，それぞれ声道のフィルタに通過させるのが，ソースフィルタ理論にしたがって音声合成を行う際の手順になっています。

第 5 章 ◆ 音声

図5.13 音声合成：（a）有声音，（b）無声音

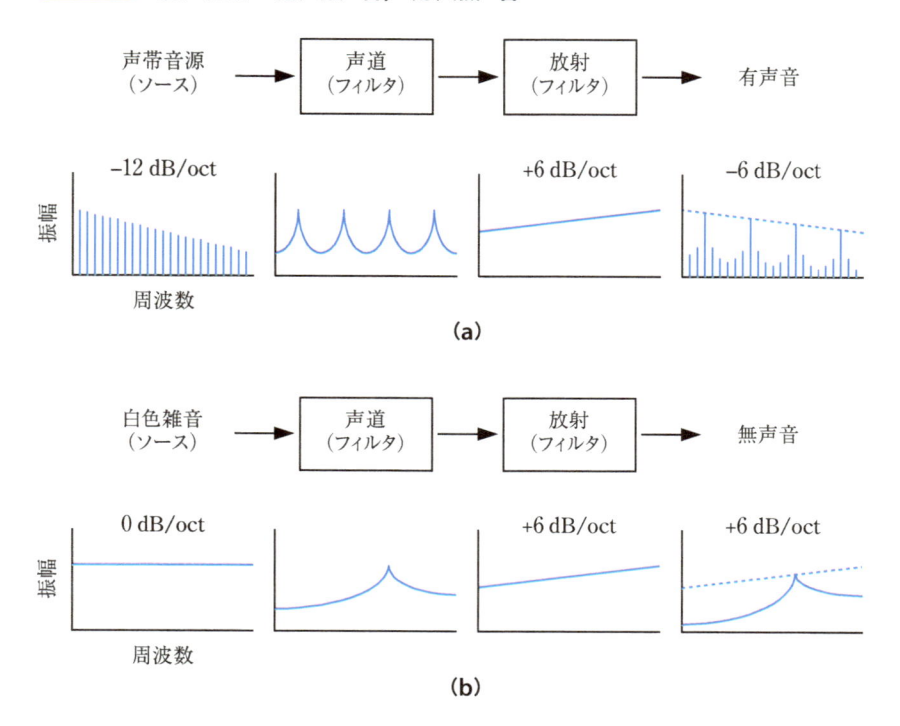

(a) 声帯音源（ソース）→ 声道（フィルタ）→ 放射（フィルタ）→ 有声音

−12 dB/oct　　　　　　　　　　+6 dB/oct　　−6 dB/oct

(b) 白色雑音（ソース）→ 声道（フィルタ）→ 放射（フィルタ）→ 無声音

0 dB/oct　　　　　　　　　　+6 dB/oct　　+6 dB/oct

　実際の音声合成では，さらにフィルタをもうひとつ使って，口唇からの**放射**によって変化する音声の周波数特性の補正を行っています。放射は，周波数が n 倍になると振幅は n 倍になるという周波数特性を示すため，一種の高域通過フィルタとしてモデル化することができます。周波数が 2 倍になると振幅は 2 倍，すなわち 6 dB 大きくなることから，こうした周波数特性を専門用語では「+6 dB/oct」と表現します。

　サポートサイトのサンプルは，音声合成によって作り出した日本語の 5 母音です。声帯音源はいずれもまったく同じブザー音ですが，声道の周波数特性を変化させることで，さまざまな音韻を作り出せることがおわかりいただけるでしょうか。

　電子技術による音声合成は，1939 年，ニューヨーク万国博覧会で発表されたベル研究所の「ボーダ（Voder）」が，黎明期のものとして歴史に名前を残

しています。ボーダは人間が鍵盤を操作することで音声を合成する一種の楽器でしたが，以来，音声合成の技術は飛躍的な進歩をとげ，現在では，コンピュータによる全自動のものが広く普及するにいたっています。目の不自由な方に対するテキストの読み上げや，コンピュータによる歌声の合成など，生活に密着した身近な技術として，音声合成はさまざまな場面で利用されています。

5.10 音声の圧縮

　黎明期の電話は，電気信号に変換した音声データをそのままやり取りしていましたが，しだいに大量の音声データを処理しなければならなくなってくると，できる限りデータ量を削減して音声をやり取りする工夫が必要になってきました。こうした事情を背景に考案されたのが音声の**圧縮**です。

　刻一刻と変化するとはいえ，人間の発声の速度には限界があります。すなわち，音声の特徴はそれほど急激には変化しないため，音声をある程度の長さに区切り，それぞれの区間ごとに，声の大きさ，声の高さ，音韻といった特徴を抽出し，こうした特徴から音声を再合成するというしくみを採用すると，音声そのものをやり取りするよりもデータ量を削減することができます。このように，音を分析することで抽出した特徴から音を再合成することを**分析合成**と呼びます。

　図5.14 に示すように，音声から抽出した声帯音源と声道の特徴を伝送し，受信側で音声を再合成する分析合成のしくみを採用すると，音声のやり取りに必要なデータ量を 1/10 程度に圧縮することができます。こうした技術は実際の電話にも採用されており，固定電話はもちろん，電波という限りある資源を使って音声データをやり取りする携帯電話にとって，音声の圧縮は不可欠の技術になっています。

図5.14 分析合成による音声の圧縮

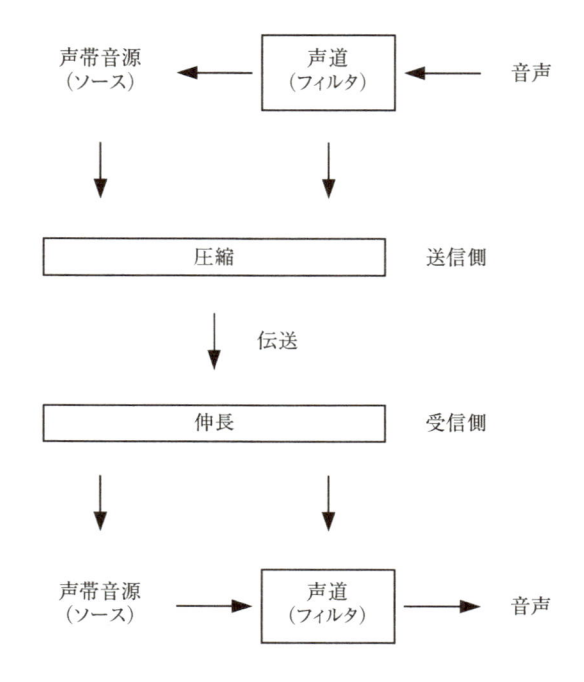

5.11 ボコーダ

　分析合成によって音声を再合成する技術は，**ボコーダ**とも呼ばれています。ボコーダとは，「ボイス（音声）」と「コーダ（符号化）」を組み合わせた造語にほかなりません。

　もちろん，音声を分析することで抽出した特徴から音声を再合成することがボコーダの本来の使い方になっていますが，じつは，図5.15 に示すように，声道はそのままにして声帯音源を楽器音で置き換えると，まるで楽器がしゃべっているように聞こえる「ロボットボイス」を作り出すことができます。これが，ミュージシャンが編み出したボコーダのもうひとつの使い方になっています。具体例としては，YMO の「テクノポリス」や，PUFFY の「アジアの純真」などが有名です。

　サポートサイトのサンプルは，シンセサイザーを声帯音源のかわりにして，

図 5.15 ボコーダ

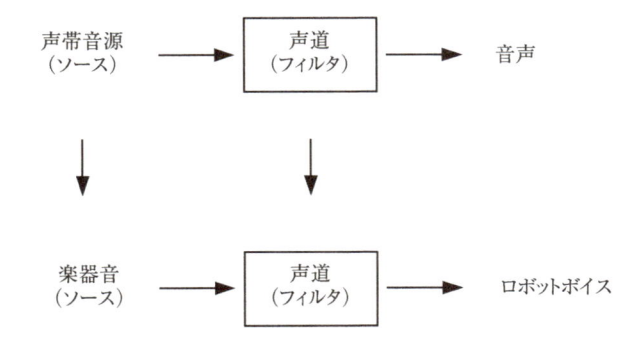

声帯音源（ソース） → 声道（フィルタ） → 音声

↓ ↓

楽器音（ソース） → 声道（フィルタ） → ロボットボイス

ボーカルの歌声をロボットボイスにしたものになっています。まるで楽器が歌っているように聞こえることがおわかりいただけるでしょうか。

5.12　人工喉頭

喉頭がんなどの病気によって声帯を切除したため，声を失ってしまった患者のために考案されたのが**人工喉頭**です。図 5.16 に示すように，残存する声道をそのまま利用し，声帯音源のかわりにバイブレータを使って音声を生成するのが人工喉頭のしくみになっています。

　もっとも，声帯音源をバイブレータで置き換えるといっても限界があり，

図 5.16　人工喉頭

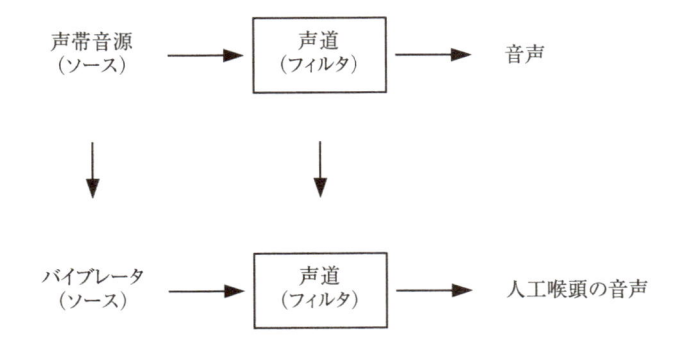

声帯音源（ソース） → 声道（フィルタ） → 音声

↓ ↓

バイブレータ（ソース） → 声道（フィルタ） → 人工喉頭の音声

ともすればロボットボイスのように聞こえてしまうことが人工喉頭の音声の問題になっています。本来の音声と比べると，人工喉頭の音声は変化にとぼしく，これがロボットボイスのように聞こえる原因になっているため，イントネーションやゆらぎをつけ加えることが，人工喉頭の音声の自然性を向上させるうえで重要なポイントになっています。

声帯音源と声道を絶妙なタイミングでコントロールすることで，人間は思い通りの音声を生成しているわけですが，こうした人間の卓越した能力を機械で代行するには，脳のしくみを含めた音声の生成のメカニズムを十分に解明する必要があります。医学と工学の両方にまたがる課題として，人工喉頭の研究の今後の進展が期待されます。

5.13　ヘリウムボイス

皆さんは，窒素が別名「笑気ガス」と呼ばれていることをご存知でしょうか。窒素には一種の麻酔作用があり，高圧の環境で吸引すると酔っ払ってしまうという特徴があります。

こうした窒素の麻酔作用は，高圧の深海で作業するダイバーにとっては無視できない問題になっています。通常の空気は大部分が窒素であり，そのままボンベに詰めて高圧の深海で吸引すると窒素酔いを引き起こしてしまうためです。

ダイバーの窒素酔いを防ぐには，窒素をヘリウムで置き換えた空気をボンベに詰めるのがひとつの解決策になります。ヘリウムは人体にとって無害であり，吸引しても問題はありません。

ただし，この方法にも弱点はあります。窒素をヘリウムで置き換えると，音速が通常の空気の1.5倍ほど大きくなってしまうため，じつは，こうした空気を吸引しながら発声すると，通常の音声とは異なる**ヘリウムボイス**になってしまいます。第4章で説明したように，共鳴周波数は音速に比例するため，図5.17に示すように，いつもと同じようにしゃべっているつもりでも通常よりもフォルマントが高くなってしまうのがヘリウムボイスの特徴になっています。

ヘリウムボイスは，まるでディズニーアニメの「ドナルドダック」がしゃべっているような奇妙な声に聞こえます。このままではダイバーのコミュニ

図5.17 フォルマントの変化：(a) 通常の音声，(b) ヘリウムボイス

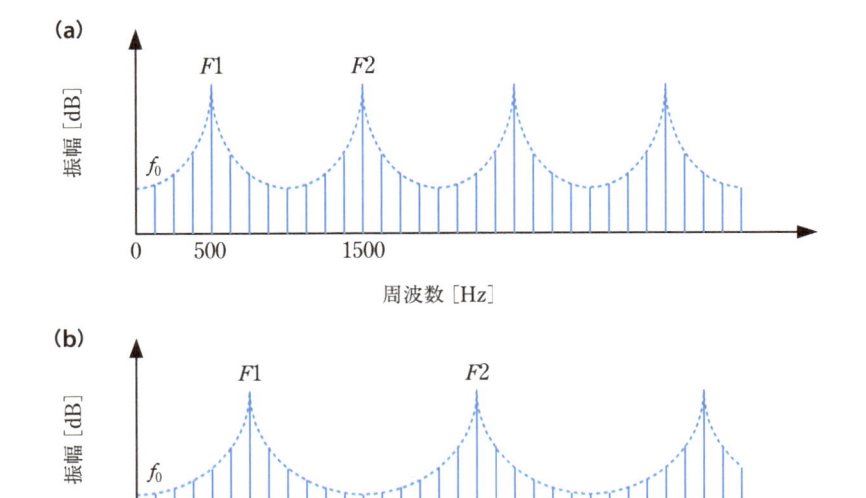

(a) 振幅 [dB], 周波数 [Hz]: f_0, $F1$ (500), $F2$ (1500)

(b) 振幅 [dB], 周波数 [Hz]: f_0, $F1$ (750), $F2$ (2250)

ケーションに支障をきたすため，解決策のひとつとして，ヘリウムボイスを通常の音声に変換するための装置が開発されています。

5.14 WaveSurfer

　コンピュータを使って音声を観察するには，もちろん，第3章で説明したAudacityを利用することもひとつの選択肢になりますが，音声に特化したツールとして，ここではもうひとつ「WaveSurfer（ウェーブサーファー）」を紹介しておきます。WaveSurferはフリーソフトとして公開されており，⊙ http://www.speech.kth.se/wavesurfer/ から無料でダウンロードすることができます。

　波形とスペクトログラムを表示するだけであればAudacityでも十分ですが，WaveSurferを利用すると，音声を観察する際，「Choose configuration」

の設定で「Speech analysis」を選択することで，図5.18に示すように，波形とスペクトログラムだけでなく，フォルマントと基本周波数の時間変化も表示することができます。このように，音声の分析に威力を発揮するのがWaveSurferの特徴になっています。

なお，スペクトログラムでマウスの右ボタンをクリックし，「Spectrogram controls...」を選択すると，「Analysis window length」の設定で周波数分析の窓の大きさを変更できます。スライダを左に移動させると広帯域スペクトログラム，スライダを右に移動させると狭帯域スペクトログラムを表示することができます。

図5.18 WaveSurfer

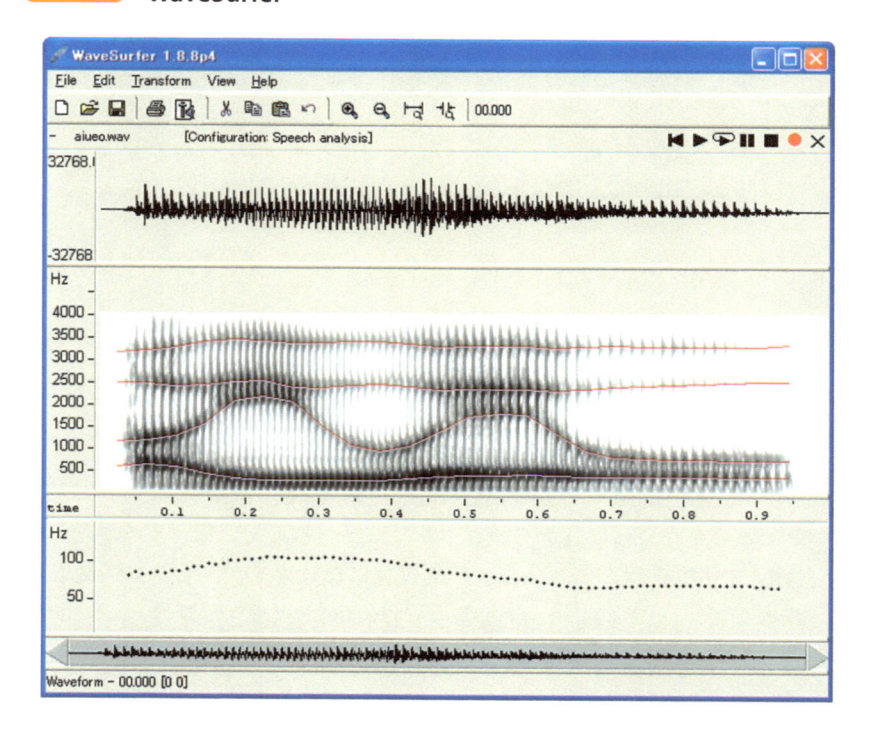

第6章 日本語の音声

さまざまな種類の音を組み合わせることで言語情報を伝達するのが，ほかの音とは異なる音声ならではの特徴になっています。本章では，日本語を具体例として，こうした音声の特徴について勉強してみることにしましょう。

6.1 音素とモーラ

言語情報を伝達するのに必要となる最小限の音の種類として定義されているのが，**音素**と呼ばれる音声の単位です。

図6.1に示すように，じつは，日本語にはわずか20個ほどの音素しかありません。複雑な言語情報も，たったこれだけのパーツの組み合わせにすぎないと言ったら，皆さんは驚かれるでしょうか。

音素は，**母音**と**子音**のふたつに大きく分類することができます。それぞれ，「vowel（バウル）」，「consonant（コンソナント）」という英単語の頭文字をとって，母音は「V」，子音は「C」と表すことが一般的です。

図6.2に示すように，母音と子音の組み合わせによって定義される**モーラ**と呼ばれる単位で音声を発音するのが日本語の特徴になっています。モーラは日本語のカナに相当するもので，それぞれ1拍の長さで発音されることが特徴になっています。

モーラは，「ア」のように「V」，「カ」のように「CV」という構造をとるものが基本ですが，「キャ」のように「CCV」という構造をとるものもあり

図6.1 日本語の音素

母音　a i u e o

子音　k g s z t c d n h f p b m r y w

特殊　N Q R

図6.2　日本語のモーラ

	a	i	u	e	o	ya	yu	ye	yo	wa	wi	we	wo
	a	i	u	e	o	ya	yu	ye	yo	wa	wi	we	wo
	ア	イ	ウ	エ	オ	ヤ	ユ	イェ	ヨ	ワ	ウィ	ウェ	ウォ
k	ka	ki	ku	ke	ko	kya	kyu	kye	kyo	kwa	kwi	kwe	kwo
	カ	キ	ク	ケ	コ	キャ	キュ	キェ	キョ	クァ	クィ	クェ	クォ
g	ga	gi	gu	ge	go	gya	gyu	gye	gyo	gwa	gwi	gwe	gwo
	ガ	ギ	グ	ゲ	ゴ	ギャ	ギュ	ギェ	ギョ	グァ	グィ	グェ	グォ
s	sa	si	su	se	so	sya	syu	sye	syo		swi		
	サ	シ	ス	セ	ソ	シャ	シュ	シェ	ショ		スィ		
z	za	zi	zu	ze	zo	zya	zyu	zye	zyo		zwi		
	ザ	ジ	ズ	ゼ	ゾ	ジャ	ジュ	ジェ	ジョ		ズィ		
t	ta	ti	tu	te	to		tyu						
	タ	ティ	トゥ	テ	ト		テュ						
c	ca	ci	cu	ce	co	cya	cyu	cye	cyo		cwi		
	ツァ	チ	ツ	ツェ	ツォ	チャ	チュ	チェ	チョ		ツィ		
d	da	di	du	de	do		dyu						
	ダ	ディ	ドゥ	デ	ド		デュ						
n	na	ni	nu	ne	no	nya	nyu	nye	nyo				
	ナ	ニ	ヌ	ネ	ノ	ニャ	ニュ	ニェ	ニョ				
h	ha	hi		he	ho	hya	hyu	hye	hyo				
	ハ	ヒ		ヘ	ホ	ヒャ	ヒュ	ヒェ	ヒョ				
f	fa	fi	fu	fe	fo		fyu		fyo				
	ファ	フィ	フ	フェ	フォ		フュ		フョ				
p	pa	pi	pu	pe	po	pya	pyu	pye	pyo				
	パ	ピ	プ	ペ	ポ	ピャ	ピュ	ピェ	ピョ				
b	ba	bi	bu	be	bo	bya	byu	bye	byo				
	バ	ビ	ブ	ベ	ボ	ビャ	ビュ	ビェ	ビョ				
m	ma	mi	mu	me	mo	mya	myu	mye	myo				
	マ	ミ	ム	メ	モ	ミャ	ミュ	ミェ	ミョ				
r	ra	ri	ru	re	ro	rya	ryu	rye	ryo				
	ラ	リ	ル	レ	ロ	リャ	リュ	リェ	リョ				

N	Q	R
ン	ッ	ー

ます。また，特殊なモーラとして，N，Q，Rがあります。Nは**撥音**の「ン」，Qは**促音**の「ッ」，Rは**長音**の「ー」を表しており，ほかのモーラと同様，それぞれ1拍の長さで発音されます。

6.2　音節

　音素やモーラといった単位のほかに，音声は，**音節**と呼ばれる単位で分解することもできます。音節は，ひとまとまりで発音される音として定義されています。

　日本語の場合，音節はモーラとほとんど同じですが，まったく同じというわけではありません。N，Q，Rといった特殊なモーラは，直前のモーラと一緒にまとめられて，ひとつの音節を構成することに注意してください。

　図6.3に示すように，「サッポロラーメン」という単語は，s，a，Q，p，o，r，o，r，a，R，m，e，Nという13個の音素に分解することができます。これらの音素は，sa，Q，po，ro，ra，R，me，Nという8個のモーラ，saQ，po，ro，raR，meNという5個の音節にまとめることができます。

図6.3　音声の分解

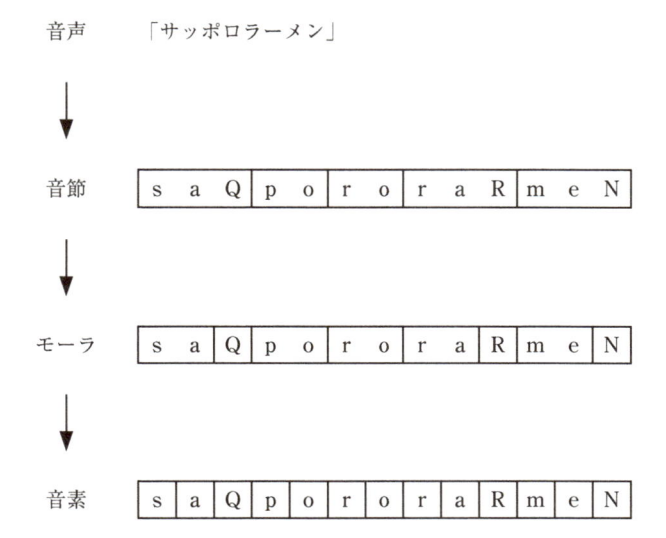

音声　　「サッポロラーメン」

↓

音節　　| saQ | po | ro | raR | meN |

↓

モーラ　| sa | Q | po | ro | ra | R | me | N |

↓

音素　　| s | a | Q | p | o | r | o | r | a | R | m | e | N |

6.3　音素記号と音声記号

　言われてみなければ気がつかないかもしれませんが，じつは，「ン」の発音は後続の音によって変化します。

　たとえば，「ホンモウ（本望）」と発音する場合は「ン」で唇を閉じますが，「ホンノウ（本能）」と発音する場合は「ン」で唇を閉じません。これらの「ン」は発音の方法がそれぞれ異なっているため，同じ音素を発音しているつもりでも，実際に発音された音声は異なっています。

　こうした**異音**の存在を考慮して，音響学では，音声を書き表すために，**音素記号**と**音声記号**というふたつの記号を使い分けています。概念としての音声である音素を書き表すのが音素記号の役割であるのに対して，実際に発音された音声を書き表すのが音声記号の役割になっています。

　音声記号として一般的に利用されているのが **IPA**（International Phonetic Alphabet）です。IPA は，世界中のあらゆる言語の音声を書き表すために考案された**国際音声記号**にほかなりません。IPA の音声記号にはさまざまなものがありますが，それぞれの音声記号がどのような音に対応しているのか，ぜひサポートサイトで確認してみてください。

　図 6.4 に示すように，区切り記号として，スラッシュを使うのが音素記号，かぎ括弧を使うのが音声記号の決まりになっています。たとえば，「ン」の音素記号は /N/ ですが，音声記号で表すと，「ホンモウ」の「ン」は [m]，「ホンノウ」の「ン」は [n] になります。

図6.4　音素記号と音声記号

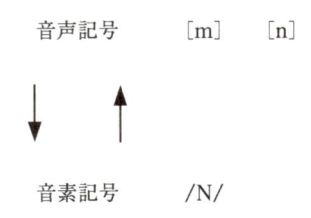

音声記号　　　［m］　［n］

↓　↑

音素記号　　　/N/

6.4 母音

第 5 章で説明したように，母音はフォルマントによって特徴づけることができます。$F1$ は舌の最高点の上下位置，$F2$ は舌の最高点の前後位置に対応しており，これらを変化させることで，さまざまな種類の母音を発音することができます。

もっとも，母音を発音できる範囲には限界があり，舌の最高点の位置に着目して声道の状態を調べると，図 6.5 のような四辺形を定義することができます。世界中のあらゆる言語の母音がこのなかに分布することになりますが，たとえば，日本語の 5 母音の場合，舌の最高点の位置は平均的に図 6.6 に示

図6.5　母音を発音できる舌の最高点の範囲

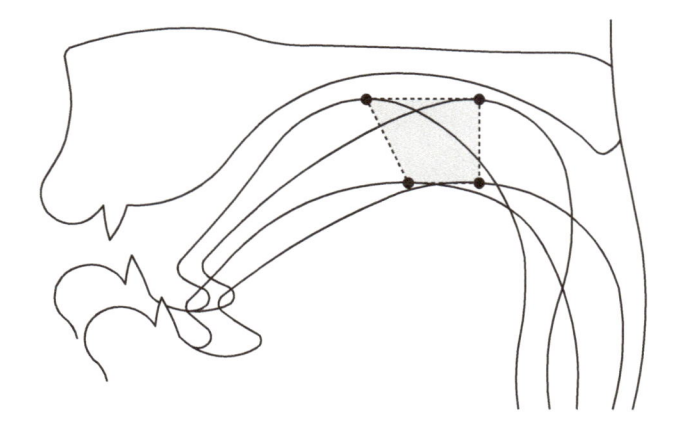

図6.6　日本語の 5 母音における舌の最高点の位置

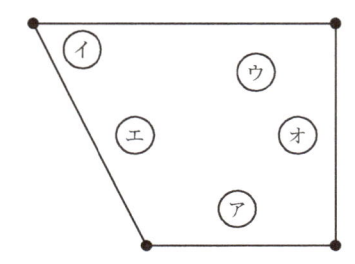

す通りになっています。

　図 6.7 に示すように，IPA は，こうした四辺形のなかにさまざまな音声記号を定義しています。縦軸は舌の最高点の上下位置，横軸は舌の最高点の前後位置になっており，これらの特徴が IPA における母音の分類基準になっています。

　なお，母音のなかには唇を丸めるようにして発音するものがあります。こうした**円唇性**も IPA における母音の分類基準になっています。図 6.7 に示すように，たとえば，舌の最高点の位置が同じものとして，IPA は [ɯ] と [u] というふたつの音声記号を定義していますが，左側が**非円唇母音**，右側が**円唇母音**を表しています。

　日本語の 5 母音を IPA の音声記号で書き表すと，一般に，[a]，[i]，[ɯ]，[e]，[o] になります。「ウ」は非円唇母音として発音されるため，音声記号は [ɯ] になることに注意してください。日本語の 5 母音のなかで円唇性を示すのは「オ」だけです。

　もっとも，図 6.6 と図 6.7 を比べてみるとおわかりのように，音声記号では [a]，[i]，[ɯ]，[e]，[o] であっても，日本語の 5 母音における舌の最高点の位置は，こうした音声記号の定義と完全に一致しているわけではありません。たとえば，「ア」の場合，舌の最高点の前後位置は平均的に中ほどにあり，前よりで発音する [a] の定義とは異なっています。

　じつは，IPA には，こうした音の特徴を書き表すための補助的な音声記号も用意されており，より精密に日本語の 5 母音を書き表すこともできるよう

図6.7　母音の音声記号

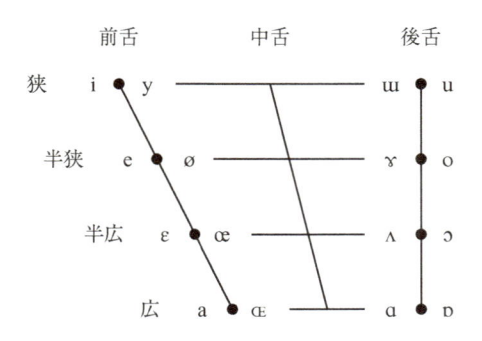

になっています。しかし，煩雑になってしまうことから，日本語の5母音を書き表す場合，直感的にわかりやすい音声記号で代表させることが暗黙の了解になっています。

　長音は，母音が長くなったものとして解釈できます。音声記号では，たとえば「ラーメン」が [raːmeɴ] になるように，母音の後に [ː] をつけることで長音を書き表す決まりになっています。

6.5　子音

　声道に閉鎖やせばめを作って発音するのが子音の特徴になっています。たとえば，「パ」の子音は，唇を閉じて声道を閉鎖し，続いて瞬間的に呼気を開放することで生成される**破裂音**になっています。また，「サ」の子音は，歯茎(しけい)に舌を近づけて声道をせばめ，その隙間に呼気を通過させることで生成される**摩擦音**になっています。

　このように，音声器官をコントロールし，特定の音韻を作り出すことを**調音**と呼びます。また，唇や歯茎など音を作り出す場所を**調音点**，破裂や摩擦など音を作り出す方法を**調音法**と呼びます。図 6.8 に示すように，音声器官にはさまざまな部位がありますが，口唇から声門にいたるまで，上あごのそれぞれの部位が調音点として定義されています。

　調音点と調音法は，IPA における子音の分類基準になっています。図 6.9 に示すように，横軸を調音点，縦軸を調音法とすると，子音の音声記号をひとつの表にまとめることができます。それぞれの音声記号を，両唇(りょうしん)のように口唇に近い調音点のものから順番に配置すること，また，破裂音のように声道を阻害する度合いが大きい調音法のものから順番に配置することが，こうした表の特徴になっています。なお，ここでは日本語に限定して音声記号を紹介していますが，世界中のあらゆる言語の子音を書き表すために，ほかにもさまざまな音声記号が用意されていることに注意してください。

　子音のなかには，声帯の振動をともなって生成されるものと，声帯の振動をともなわずに生成されるものがあります。こうした**声帯振動の有無**も IPA における子音の分類基準になっています。図 6.9 に示すように，たとえば，調音点と調音法が同じものとして，IPA は [p] と [b] というふたつの音声記号を定義していますが，左側が**無声音**，右側が**有声音**を表しています。

図6.8　音声器官

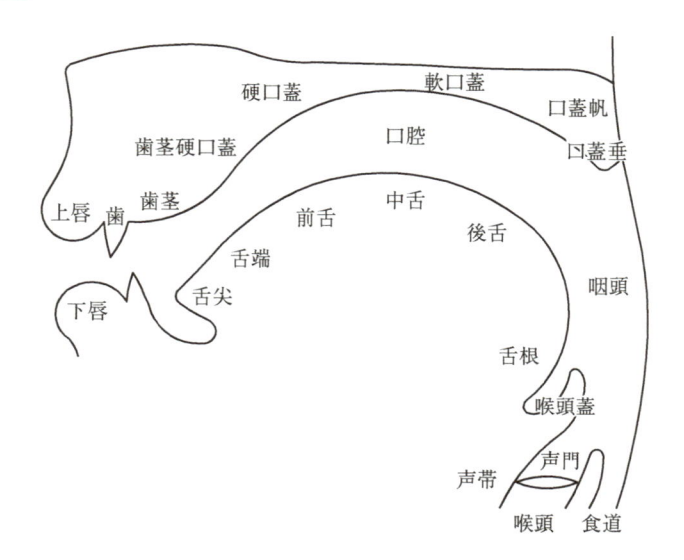

（図：音声器官の断面図。ラベル：硬口蓋、軟口蓋、口蓋帆、歯茎硬口蓋、口腔、口蓋垂、上唇、歯茎、歯、前舌、中舌、後舌、下唇、舌端、舌尖、咽頭、舌根、喉頭蓋、声帯、声門、喉頭、食道）

　日本語では，声帯振動の有無によって区別される子音について，無声音を**清音**，有声音を**濁音**に分類しています。なお，パ行の子音は**半濁音**に分類されますが，本来，パ行の子音は清音としての性質を示し，その濁音がバ行の子音になっていることに注意しましょう。

　こうした子音の場合，清音は，破裂や摩擦といった非周期的な音源によって生成されることから，その周波数特性は連続スペクトルになります。一方，濁音は，さらに周期的な声帯音源を加え，ふたつの音源によって生成されることから，その周波数特性は線スペクトルと連続スペクトルを重ね合わせたものになります。

　なお，図6.9に示すように，後続する母音が[i]の場合，音声記号はほかのものとは異なる場合が多いことに注意してください。これは，[i]の発音の準備のため，先行する子音の調音点が硬口蓋に向かってずれることが音の違いとなって現れることを意味しています。この現象を**硬口蓋化**または**口蓋化**と呼びます。

図6.9　子音の音声記号

	両唇	歯茎	歯茎硬口蓋	硬口蓋	軟口蓋	口蓋垂	声門
破裂音	p パピプペポ / b バビブベボ	t タテト / d ダデド			k カキクケコ / g ガギグゲゴ		
鼻音	m マミムメモ	n ナヌネノン		ɲ ニ	ŋ ガギグゲゴン	N ン	
弾音		ɾ ラリルレロ					
摩擦音	ɸ フ	s サスセソ / z ザズゼゾ	ɕ シ / ʑ ジ	ç ヒ			h ハヘホ
破擦音		ts ツ / dz ザズゼゾ	tɕ チ / dʑ ジ				
接近音				j ヤユヨ	ɰ ワ		

6.6 破裂音

調音点で声道を閉鎖し,続いて瞬間的に呼気を開放することで生成される音を**破裂音**と呼びます。日本語の場合,カ行,ガ行,タ行,ダ行,パ行,バ行の子音が破裂音になります。

図 6.10 に示すように,清音の破裂音は,後続の母音が始まるまで声帯が振動しない無声音になっています。一方,濁音の破裂音は,破裂に先立ち声帯が振動を始める有声音になっています。

こうした破裂音の特徴は,**VOT**(Voice Onset Time)を観察することで比較することができます。VOT は,破裂の後,声帯が振動を始めるまでの時間として定義されており,声帯振動の有無を判断するための指標として利用されています。

図 6.11 に示すように,無声破裂音は,破裂の直後に声帯が振動を始める

図6.10 **破裂音:(a)清音,(b)濁音**

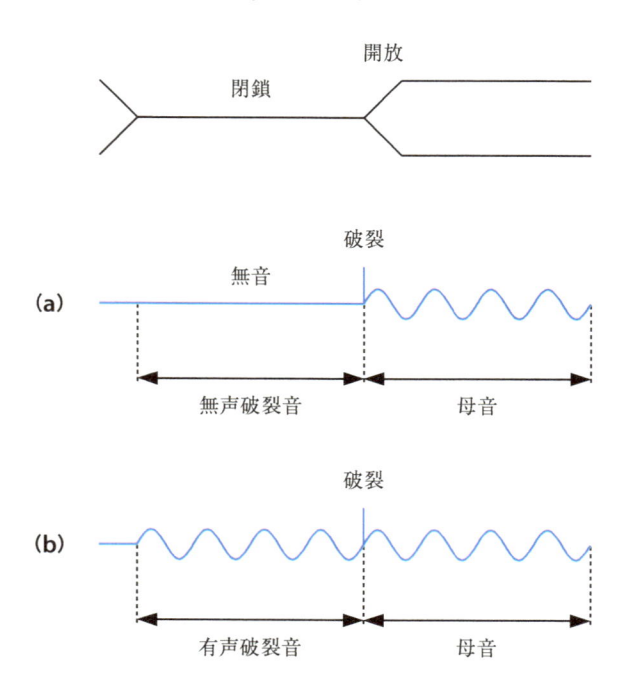

図6.11 VOT：(a) VOT がプラスの破裂音，(b) VOT が 0 の破裂音，(c) VOT がマイナスの破裂音

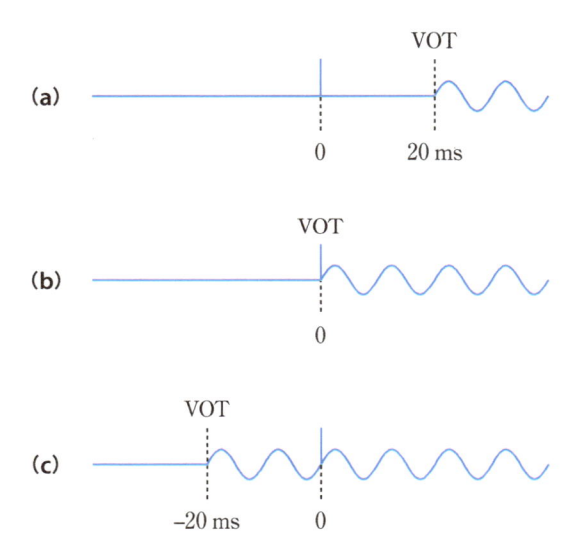

ため，VOT は一般にプラスの値になります。一方，有声破裂音は，それよりも早く声帯が振動を始めるため，VOT は無声破裂音よりも小さい値になります。

6.7 摩擦音

　調音点で声道をせばめ，その隙間に呼気を通過させることで生成される音を**摩擦音**と呼びます。日本語の場合，サ行，語中のザ行，ハ行の子音が摩擦音になります。

　図6.12 に示すように，清音の摩擦音は，後続の母音が始まるまで声帯が振動しない無声音になっています。一方，濁音の摩擦音は，摩擦とともに声帯が振動を始める有声音になっています。

図6.12 摩擦音：(a) 清音，(b) 濁音

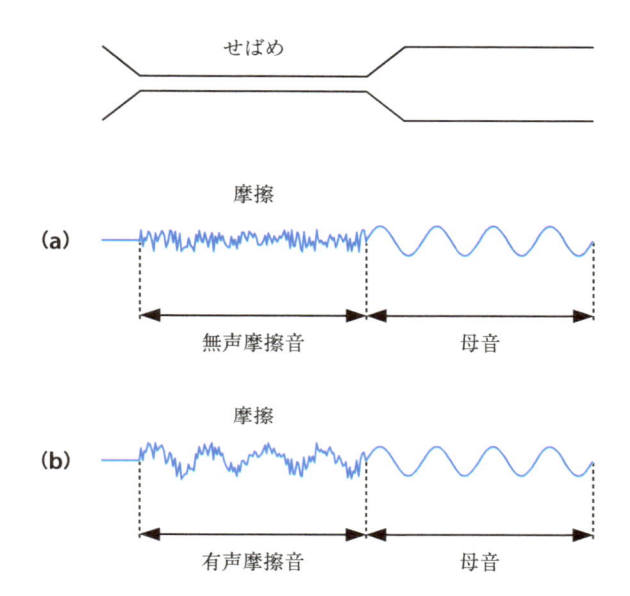

6.8　破擦音

　破裂音と摩擦音が連続する音を**破擦音**と呼びます。破裂音と摩擦音の性質をあわせ持っているため，図6.9に示すように，破擦音の音声記号は破裂音と摩擦音の音声記号を組み合わせたものになっています。日本語の場合，語頭のザ行，「チ」，「ツ」の子音が破擦音になります。

　図6.13に示すように，清音の破擦音は，後続の母音が始まるまで声帯が振動しない無声音になっています。一方，濁音の破擦音は，破裂に先立ち声帯が振動を始める有声音になっています。

図6.13 破擦音：(a) 清音，(b) 濁音

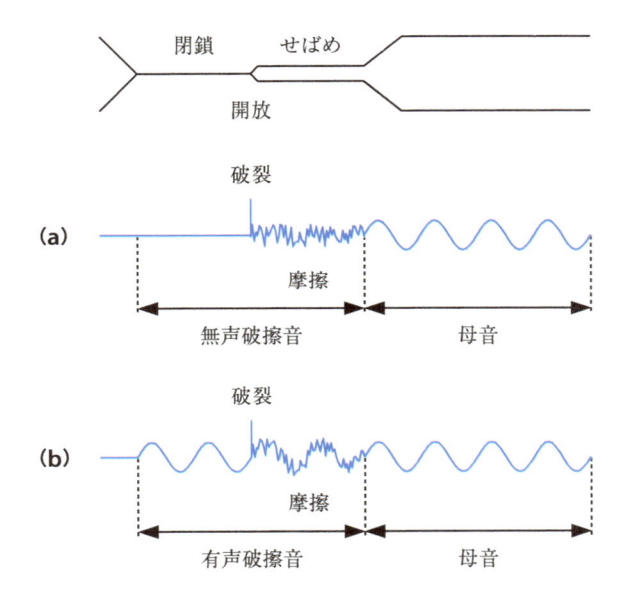

6.9 接近音

接近音は，摩擦が生じない程度に舌を上あごに接近させ，声帯振動を音源として生成される音になっています。日本語の場合，ヤ行とワ行の子音が接近音になります。

ヤ行とワ行の子音の場合，はじめの口の構えは，それぞれ口の開きが狭い「イ」と「ウ」によく似ています。ただし，持続的な接近がある母音とは異なり，図6.14に示すように，接近が瞬間的になっていることがこれらの子音の特徴になっています。すなわち，母音に似ているものの，瞬間的にしか発音できないため，これらの子音は**半母音**とも呼ばれます。

音声記号で表すと，ヤ行の子音は [j]，ワ行の子音は [ɯ] になります。母音の音声記号に [y] があてられているため，ヤ行の子音には [j] があてられること，「walk」や「work」といった英単語のように口を突き出して発音するＷの音の音声記号に [w] があてられているため，ワ行の子音には [ɯ] があてられることに注意してください。

図6.14 声道の接近：(a) 母音, (b) 半母音

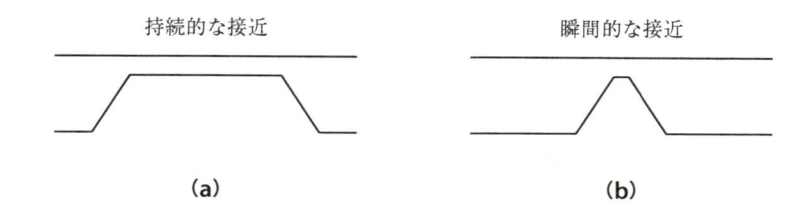

持続的な接近　　　　　　瞬間的な接近

(a)　　　　　　　　　(b)

　ヤ行とワ行の子音がほかの子音と結合することで生成されるのが,「キャ」や「クァ」といった**拗音**です。実際に使われているのはヤ行の拗音がほとんどですが, 外来語の普及によってワ行の拗音も耳にする機会が増えてきています。

6.10　弾音

　弾音は, 調音点を舌ではじくことで生成される音になっています。日本語の場合, ラ行の子音が弾音になります。

　破裂音と同様, 調音点で接触があるのが弾音の特徴になっています。「ダ」と「ラ」を交互に発音してみると, どちらも舌の動きがよく似ていることがおわかりいただけるはずです。ただし, 持続的な接触がある破裂音とは異なり, 図6.15 に示すように, 接触が瞬間的になっているのが弾音の特徴になっています。

図6.15　声道の接触：(a) 破裂音, (b) 弾音

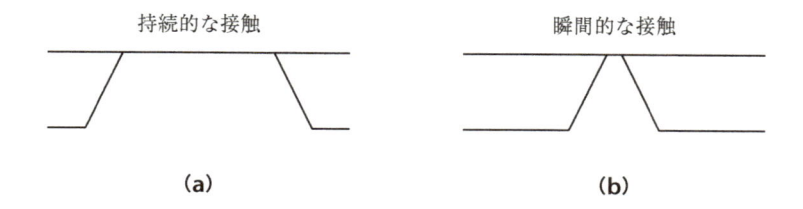

持続的な接触　　　　　　瞬間的な接触

(a)　　　　　　　　　(b)

6.11 鼻音

「ダ」と「ナ」，または「バ」と「マ」を交互に発音してみると，どちらも舌や唇の動きがよく似ていることがおわかりいただけるはずです。

これらの音の違いを生み出すうえで重要な役割を担っているのが**口蓋帆**です。口蓋帆は，口腔と鼻腔を連結する一種の弁になっています。図 6.16 に示すように，口蓋帆を閉鎖し，口腔だけを使って発音すると，「ダ」や「バ」といった**口音**になります。一方，口蓋帆を開放し，口腔だけでなく鼻腔も使って発音すると，「ナ」や「マ」といった**鼻音**になります。

口腔と鼻腔が連結すると声道がふたつに分岐することになりますが，こうした声道の分岐には，音を吸収し，特定の周波数成分を減衰させるはたらきがあります。言ってみれば，フォルマントとは逆の性質を示すことから，こうした帯域を**アンチフォルマント**と呼びます。図 6.17 に示すように，フォルマントとアンチフォルマントが重なり合い，声道の周波数特性に強め合う部分と弱め合う部分が同時に出現することが，口音とは異なる鼻音ならではの特徴になっています。

日本語では，ナ行，マ行，「ン」の子音が鼻音になります。また，「オンガ

図6.16 声道の状態：(a) 口音，(b) 鼻音

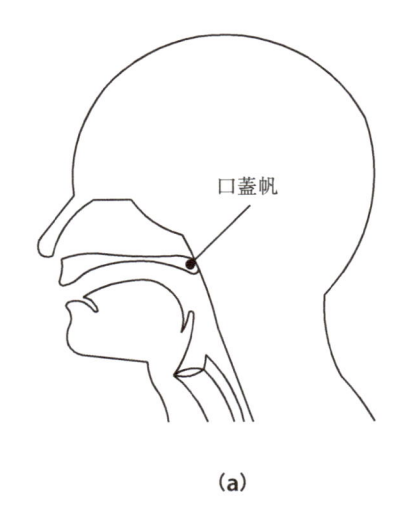

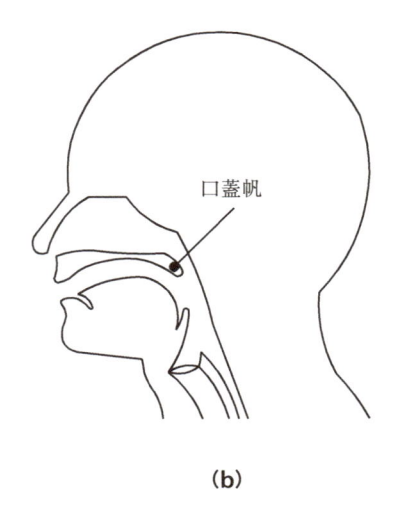

図6.17 鼻音の特徴：(a) フォルマント，(b) アンチフォルマント，(c) 声道の周波数特性

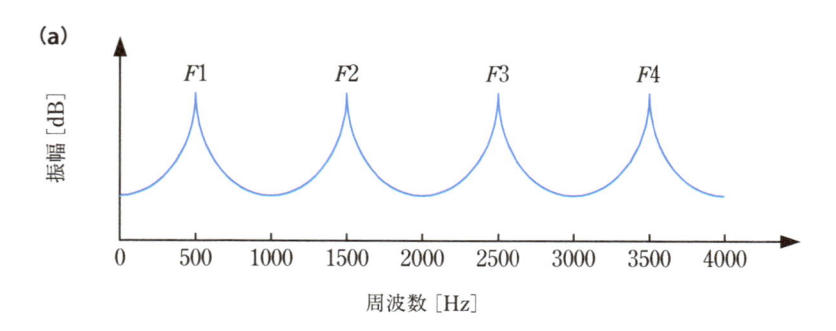

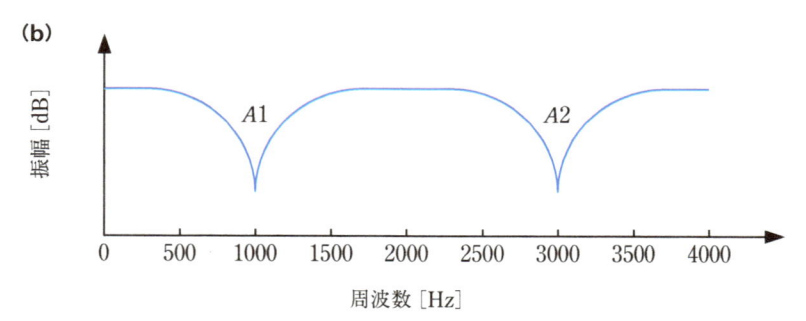

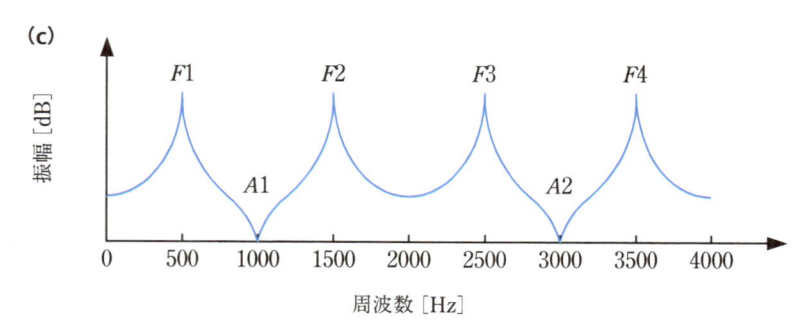

ク（音楽）」のように，語中のガ行の子音も鼻音として発音される場合があります。

6.12 撥音

後続の音によって発音が左右されるのが**撥音**「ン」の特徴です。たとえば，唇を閉じて発音する [p] や [b] といった音が後続する場合は，「ン」も唇を閉じて発音されることになります。このとき，「ン」は [m] の音になります。一方，唇を閉じないで発音する [t] や [d] といった音が後続する場合は，「ン」も唇を閉じないで発音されることになります。このとき，「ン」は [n] の音になります。

図6.18 に示すように，こうした撥音の異音は，後続の音によって一意に決まります。このように，条件によって異音が決まることから，こうした異音を**条件異音**と呼びます。また，それぞれの条件に対してひとつの異音が対

図6.18 撥音の異音

後続音		撥音の異音
両唇音	[p] [b] [m]	[m]
歯茎音 破擦音	[t] [d] [n] [ɾ] [tɕ] [dz] [ts] [dz]	[n]
硬口蓋音	[ɲ]	[ɲ]
軟口蓋音	[k] [g] [ŋ]	[ŋ]
なし		[N]
母音 半母音 摩擦音	[a] [i] [ɯ] [e] [o] [j] [ɥ] [s] [ɕ] [h] [ç] [ɸ]	鼻母音

応し，ほかの異音がかわりに現れない**相補分布**を示すことも撥音の異音の特徴になっています。

6.13 促音

後続の音によって発音が左右されるのが促音（そくおん）「ッ」の特徴です。図 6.19 に示すように，破裂音や破擦音が後続する場合は閉鎖が続くことになり，促音は 1 拍分の無音になります。一方，摩擦音が後続する場合はせばめが続くことになり，促音は 1 拍分の摩擦音になります。

促音は，子音が長くなったものとして解釈できます。音声記号では，たとえば「サッポロ」が [sapːoro] になるように，子音の後に [ː] をつけることで

図6.19　促音：（a）破裂音が後続する場合，（b）摩擦音が後続する場合，（c）破擦音が後続する場合

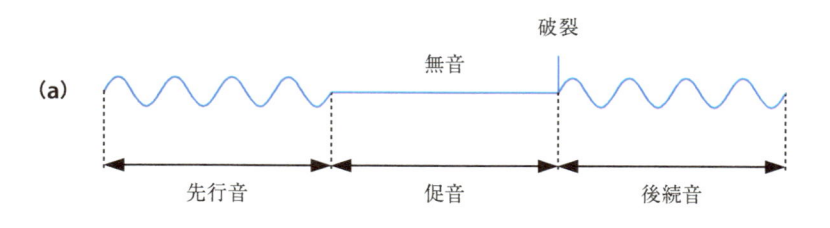

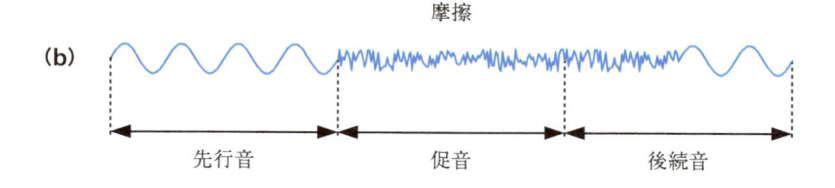

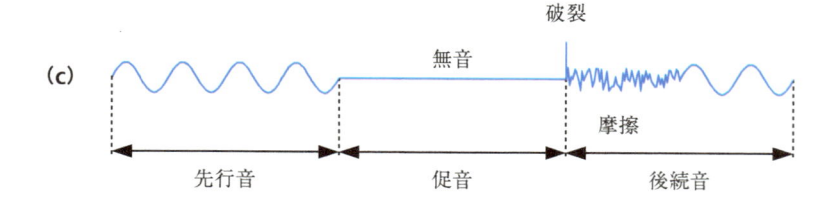

促音を書き表す決まりになっています。

じつは，本来の日本語では，促音に後続する音は無声子音だけという決まりがありました。しかし，外来語のなかには，「バッグ」や「キッズ」のように有声子音が後続するものもあり，こうした促音の発音も一般的になってきています。

6.14 アクセント

高低2段階の声の高さで単語の**アクセント**を定義するのが日本語の特徴になっています。

アクセントは単語を区別するための手がかりになります。たとえば，「アメ（雨）」と「アメ（飴）」は，音韻だけを比べても単語の区別がつきませんが，1番目のモーラの声の高さを比べると，「アメ（雨）」は高く，「アメ（飴）」は低くなっているため，こうしたアクセントの違いから単語を区別することができます。

じつは，1番目のモーラと2番目のモーラの声の高さを比べると，一方が高ければ，もう一方は低くなることが日本語のアクセントの特徴になっています。また，いったん声が低くなると，ふたたび高くならないことも日本語のアクセントの特徴になっています。

声が低くなる直前のモーラを**アクセント核**と呼びます。たとえば，日本語の名詞は，Nモーラの単語の場合，それぞれのモーラがアクセント核になる可能性と，どのモーラもアクセント核にならない可能性があるため，全部で$N+1$個のアクセントパターンを定義できます。

図6.20に示すように，こうしたアクセントパターンは，**頭高型**，**中高型**，**尾高型**，**平板型**の4種類に分類できます。尾高型と平板型は，単語だけ比べてもアクセントパターンの区別がつきませんが，「ガ」などの助詞をつけて発音すると，最後のモーラがアクセント核になっているかどうか判断することができます。

声の高さは基本周波数によって決まります。そのため，実際に音声を分析し，基本周波数の時間変化を観察すると，アクセントの特徴を客観的に調べることができます。基本周波数の時間変化は狭帯域スペクトログラムを使って観察することができますが，こうした基本周波数の時間変化だけを取り出

図6.20　日本語の名詞のアクセントパターン

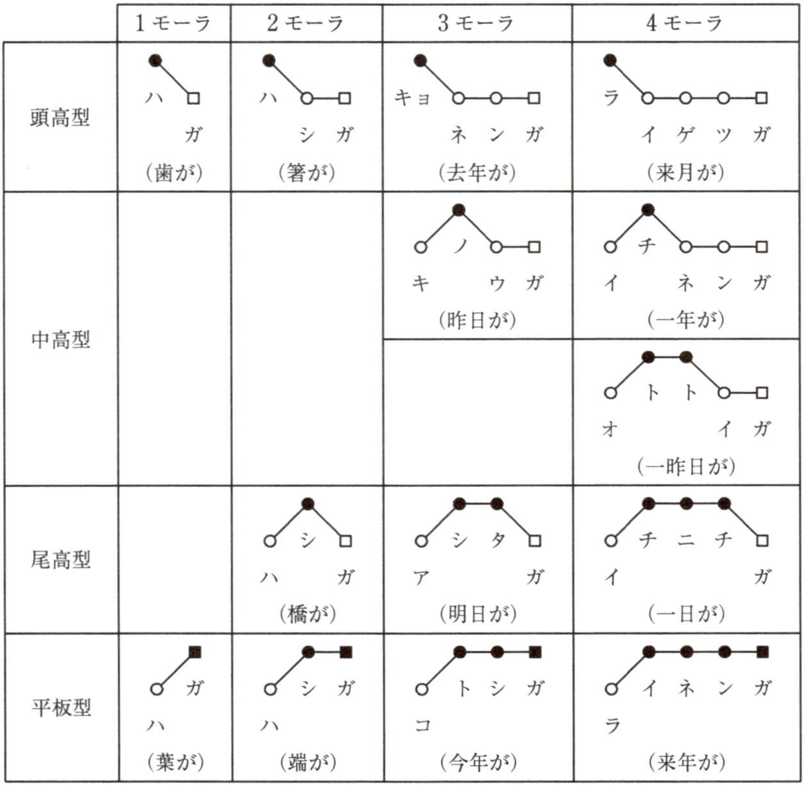

	1モーラ	2モーラ	3モーラ	4モーラ
頭高型	ハガ（歯が）	ハシガ（箸が）	キョネンガ（去年が）	ライゲツガ（来月が）
中高型			キノウガ（昨日が）	イチネンガ（一年が）
中高型				オトトイガ（一昨日が）
尾高型		ハシガ（橋が）	アシタガ（明日が）	イチニチガ（一日が）
平板型	ハガ（葉が）	ハシガ（端が）	コトシガ（今年が）	ライネンガ（来年が）

してグラフにしたものを**基本周波数曲線**と呼びます。

図6.21に,「アメ（雨）」と「アメ（飴）」の基本周波数曲線を示します。それぞれ, 雨は「ア」が高く, 飴は「ア」が低くなっていることがおわかりいただけるでしょうか。

意外に思われたかもしれませんが, じつは, 基本周波数は刻一刻と変化しており, 主観的に感じられるような高低2段階のアクセントをはっきり区別するようなものにはなっていません。こうしたあいまいな発音から正しくアクセントを聞き取っているのが, 人間の聴覚ならではの特異的な能力といえるでしょう。

図6.21 基本周波数曲線：(a)「アメ（雨）」，(b)「アメ（飴）」

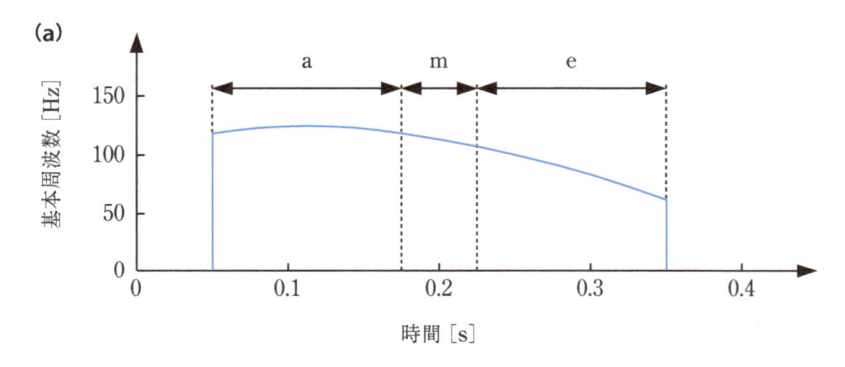

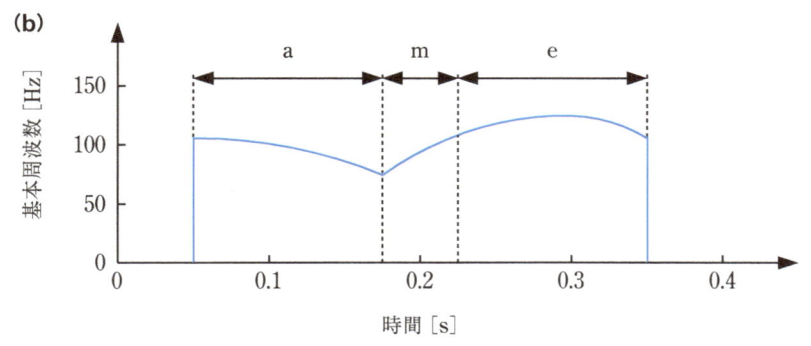

6.15 イントネーション

イントネーションは，フレーズを読み上げるときの声の高さの時間変化として定義されます。

ひとまとまりのフレーズを一息で読み上げると，肺から押し出される呼気が少しずつ弱まっていくため，しだいに声が低くなっていきます。そのため，はじめは高くても，しだいに低くなっていくのが，イントネーションの基本周波数曲線の一般的な特徴になっています。こうした特徴を**自然下降**と呼びます。

図6.22 に示すように，イントネーションは，自然下降する成分にそれぞれの単語のアクセントを重ね合わせたものとしてとらえることができます。

図6.22 アクセントとイントネーション

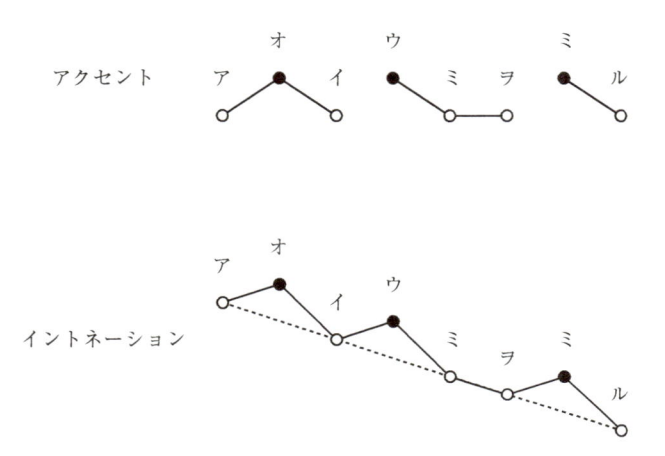

アクセント　ア　オ　イ　ウ　ミ　ヲ　ミ　ル

イントネーション　ア　オ　イ　ウ　ミ　ヲ　ミ　ル

そのため，先行する単語のアクセント核と比べると，後続する単語のアクセント核のほうが声は低くなります。アクセント核で声の高さが階段状に下降しているように見えるため，こうした特徴を**ダウンステップ**と呼びます。

　一定の高さで発音しているつもりでも，声の高さは刻一刻と変化していきます。これが，人間の音声ならではの特徴になっているわけですが，じつは，こうした特徴を逆手にとり，声の高さを一定にすることで「ロボットボイス」を作り出すのが**オートチューン**と呼ばれるサウンドエフェクトの定番のテクニックとなっています。具体例としては，Perfumeの「ポリリズム」が有名ですが，ボーカルの歌声の一部をロボットボイスにすることで，人間ともロボットともつかない独特の歌声を作り出すのが，オートチューンの面白さになっています。

6.16　調音結合

　機械によって生成される音とは異なり，音声器官の物理的な制約によって発音が左右されるのが音声の特徴になっています。
　たとえば，「イアイ（居合）」という単語を発音する場合，前後を「イ」にはさまれた「ア」は，「イ」の発音の影響を受けるため，口が十分に開ききら

ず，図6.23に示すように，単独で発音した「ア」と比べて $F1$ と $F2$ にずれが生じます。このように前後の音韻によって音が変化することを**調音結合**と呼びます。こうしたあいまいな発音から正しく音韻を聞き取っているのが，人間の聴覚ならではの特異的な能力といえるでしょう。

母音の**無声化**も調音結合の一例になっています。本来，母音は有声音として発音されますが，「/kisi/（岸）」や「/kusi/（櫛）」のように，無声子音にはさまれた /i/ と /u/ は無声音として発音されやすくなります。また，「/mosi/（もし，）」や「/arimasu/（あります。）」のように，無声子音の後の語末の /i/ と /u/ も無声音として発音されやすくなります。なお，図6.24に示すように，音声記号では，母音の下に○をつけることで母音の無声化を書き表す決まりになっています。

図6.23　フォルマントの時間変化

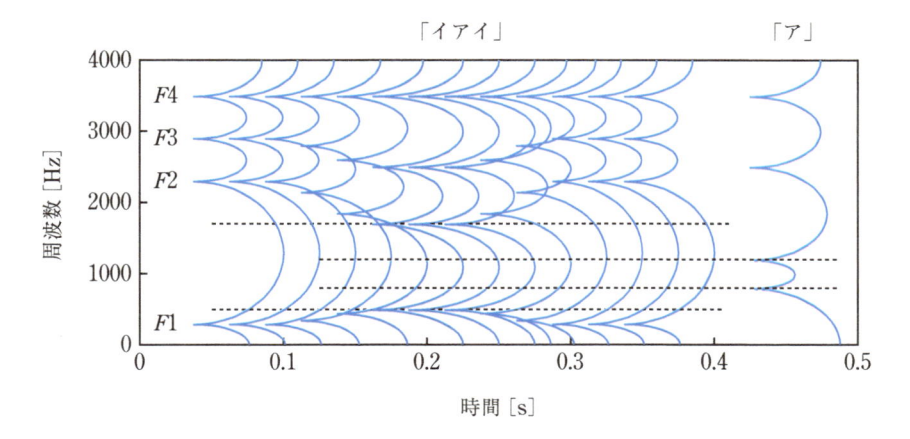

図6.24　母音の無声化

[ki̥ɕi]　キシ（岸）

[ku̥ɕi]　クシ（櫛）

[moɕi̥]　モシ、

[aɾimasɯ̥]　アリマス。

単語を連結すると，たとえば，「ホン（本）」と「タナ（棚）」が「ホンダナ（本棚）」になるように，本来は清音だった「タ」が濁音の「ダ」に変化することがあります。このように，後続する単語の語頭の子音を濁音にしてしまう現象を**連濁**(れんだく)と呼びます。なお，こうした単語の連結は，たとえば，「アメ（雨）」と「カサ（傘）」が「アマガサ（雨傘）」になるように，先行する単語の語末を変化させてしまうことがあります。

第7章 可聴範囲

　音そのものの特徴だけでなく，人間には音がどのように聞こえているのか理解することも，音響学の勉強にとって重要なポイントになります。本章では，人間の聴覚の基本的な特徴として，人間の聴覚が知覚できる音の範囲について勉強してみることにしましょう。

7.1 音圧

　天気予報でおなじみの気圧の単位として，皆さんもこれまでに「ヘクトパスカル」という言葉を聞いたことがあるのではないでしょうか。

　気圧は圧力の一種であり，「Pa（パスカル）」という単位を使って表されます。ただし，標準の気圧は 101325 Pa もあり，このままでは数として大きすぎるため，天気予報では「hPa（ヘクトパスカル）」という単位を使って気圧を表すことが一般的です。「h（ヘクト）」は $100 (= 10^2)$ を表す補助単位です。hPa を単位とすると，標準の気圧は 1013.25 hPa と表すことができます。

　こうした気圧の時間変化を，私たちは音として知覚していると言ったら，皆さんは驚かれるでしょうか。第 4 章で説明したように，音の正体は空気の圧力変化にほかなりません。図 7.1 に示すように，平均の気圧を基準にすると，気圧の時間変化は**音圧**になり，こうした空気の圧力変化を音として知覚するのが人間の聴覚のしくみになっています。

　もっとも，気圧と比べて音圧はとても小さく，図 7.2 に示すように，人間の聴覚はおよそ 0.00002 Pa から 20 Pa までの音圧を音として知覚しているにすぎません。このままでは数として小さすぎるため，音圧を表す場合は，0.001 $(= 10^{-3})$ を表す「m（ミリ）」や，0.000001 $(= 10^{-6})$ を表す「μ（マイクロ）」といった補助単位を使うことが一般的です。

　いずれにしても，音圧が取り得る範囲は，最も小さい音から最も大きい音まで 7 桁にもわたります。このままでは数として範囲が広すぎるため，こうした物理量を取り扱うには，通常，「dB（デシベル）」を単位とすることが一

第 7 章 ◆ 可聴範囲

図7.1 気圧と音圧

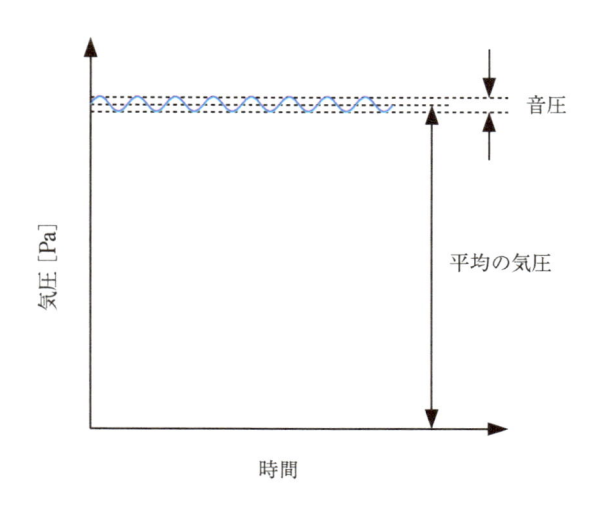

図7.2 音圧の範囲（単位：Pa）

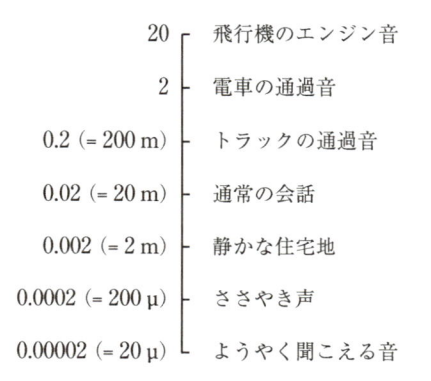

```
20        飛行機のエンジン音
2         電車の通過音
0.2 (= 200 m)   トラックの通過音
0.02 (= 20 m)   通常の会話
0.002 (= 2 m)   静かな住宅地
0.0002 (= 200 μ) ささやき声
0.00002 (= 20 μ) ようやく聞こえる音
```

般的です。

第3章で説明したように，基準値との比をとり，対数をとったものが dB の定義にほかなりません。音圧の場合，20 μPa を基準値として，これが 0 dB になるように定義したものを**音圧レベル**と呼びます。音圧を p とすると，音圧レベルはつぎのように定義できます。

$$20 \log_{10} \frac{p}{20 \times 10^{-6}} \qquad (7.1)$$

音圧レベルの単位は「dB SPL（デシベル・エス・ピー・エル）」です。**SPL** は「Sound Pressure Level（音圧レベル）」の略語になっています。

図 7.3 に示すように，音圧が 20 µPa のとき音圧レベルは 0 dB SPL，音圧が 20 Pa のとき音圧レベルは 120 dB SPL になります。このように，dB を単位とすると 7 桁にわたる音圧を 3 桁の音圧レベルに置き換えることができ，広い範囲の物理量をコンパクトに取り扱うことができます。

なお，dB を単位として音の大きさを比較する場合は，対数ならではの計算のルールにしたがう必要があります。たとえば，音圧を 10 倍にすると，音圧レベルは 20 dB 大きくなりますが，音圧を 100（= 10 × 10）倍にすると，音圧レベルは 40（= 20+20）dB 大きくなります。このように，音圧ではかけ算の関係が，音圧レベルでは足し算の関係になることに注意してください。

図7.3　音圧レベル

音圧 [Pa]	音圧レベル [dB SPL]
20	120
2	100
0.2 (= 200 m)	80
0.02 (= 20 m)	60
0.002 (= 2 m)	40
0.0002 (= 200 µ)	20
0.00002 (= 20 µ)	0

7.2 音の強さ

音圧のほかにもうひとつ，音の大きさは**音の強さ**という物理量によっても表すことができます。

音圧を p，媒質の密度を d，音速を v とすると，音の強さ I はつぎのように定義できます。

$$I = \frac{p^2}{dv} \tag{7.2}$$

気温が14℃のとき，空気分子の密度は 1.2 kg/m^3，音速は 340 m/s となるため，音の強さと音圧の関係はつぎのように定義できます。

$$I = \frac{p^2}{1.2 \times 340} = \frac{p^2}{408} \fallingdotseq \frac{p^2}{20^2} \tag{7.3}$$

たとえば，音圧が 20 μPa のとき，音の強さはつぎのように計算できます。

$$I \fallingdotseq \frac{(20 \times 10^{-6})^2}{20^2} = \frac{400 \times 10^{-12}}{400} = 10^{-12} \tag{7.4}$$

音の強さの単位は「W/m^2（ワット毎平方メートル）」です。この単位からもわかるように，音の強さは単位面積を通過する音のパワーとして定義されています。

図 7.4 に示すように，音圧が 20 μPa から 20 Pa まで変化するとき，音の強さは 10^{-12} W/m^2 から 1 W/m^2 まで変化します。このように，音圧と同様，音の強さも取り得る範囲が広すぎるため，通常，dB を単位として取り扱うことが一般的です。音の強さの場合，10^{-12} W/m^2 を基準値として，これが 0 dB になるように定義したものを**音の強さのレベル**と呼びます。音の強さを I とすると，音の強さのレベルはつぎのように定義できます。

$$10 \log_{10} \frac{I}{10^{-12}} \tag{7.5}$$

音の強さのレベルの単位は「dB IL（デシベル・アイ・エル）」です。**IL** は「Intensity Level（強さのレベル）」の略語になっています。

じつは，図 7.5 に示すように，音圧レベルと音の強さのレベルは一般に同じ値になります。実際，式 (7.3) を式 (7.5) に代入すると，つぎのように，音圧レベルと音の強さのレベルは一致することがわかります。

図7.4 音圧と音の強さ

音圧 [Pa]	音の強さ [W/m²]
20	1
2	0.01 (= 10^{-2})
0.2 (= 200 m)	0.0001 (= 10^{-4})
0.02 (= 20 m)	0.000001 (= 10^{-6})
0.002 (= 2 m)	0.00000001 (= 10^{-8})
0.0002 (= 200 μ)	0.0000000001 (= 10^{-10})
0.00002 (= 20 μ)	0.000000000001 (= 10^{-12})

図7.5 音圧レベルと音の強さのレベル

音圧 [Pa]	音の強さ [W/m²]	音圧レベル [dB SPL] 音の強さのレベル [dB IL]
20	1	120
2	0.01 (= 10^{-2})	100
0.2 (= 200 m)	0.0001 (= 10^{-4})	80
0.02 (= 20 m)	0.000001 (= 10^{-6})	60
0.002 (= 2 m)	0.00000001 (= 10^{-8})	40
0.0002 (= 200 μ)	0.0000000001 (= 10^{-10})	20
0.00002 (= 20 μ)	0.000000000001 (= 10^{-12})	0

$$10\log_{10}\frac{I}{10^{-12}} \fallingdotseq 10\log_{10}\frac{p^2}{20^2\times 10^{-12}} = 20\log_{10}\frac{p}{20\times 10^{-6}} \tag{7.6}$$

もっとも，音の強さは音圧の2乗に比例するため，音の大きさを比較する場合，レベルの変化が同じであっても，音圧と音の強さの変化そのものはそ

第7章 ◆ 可聴範囲

れぞれ異なることに注意しなければなりません。図7.6 に示すように，たとえば，レベルが 20 dB 大きくなると，音圧は 10 倍になりますが，音の強さは 100（= 10^2）倍になります。

図7.6 音圧と音の強さの変化：(a) 音を大きくする場合，(b) 音を小さくする場合

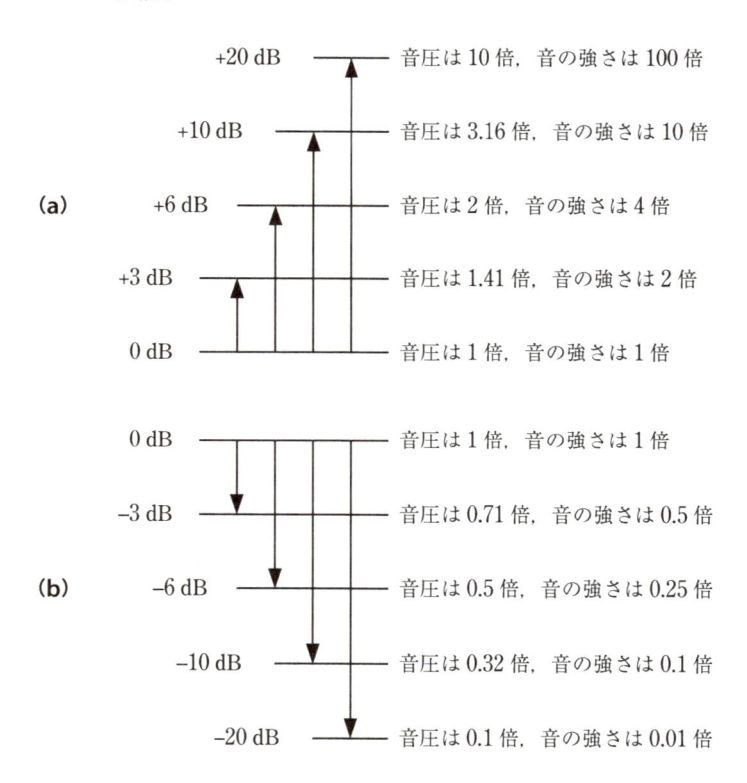

(a)
- +20 dB ── 音圧は 10 倍，音の強さは 100 倍
- +10 dB ── 音圧は 3.16 倍，音の強さは 10 倍
- +6 dB ── 音圧は 2 倍，音の強さは 4 倍
- +3 dB ── 音圧は 1.41 倍，音の強さは 2 倍
- 0 dB ── 音圧は 1 倍，音の強さは 1 倍

(b)
- 0 dB ── 音圧は 1 倍，音の強さは 1 倍
- −3 dB ── 音圧は 0.71 倍，音の強さは 0.5 倍
- −6 dB ── 音圧は 0.5 倍，音の強さは 0.25 倍
- −10 dB ── 音圧は 0.32 倍，音の強さは 0.1 倍
- −20 dB ── 音圧は 0.1 倍，音の強さは 0.01 倍

7.3 聴覚器官

耳は音を知覚するためのセンサーにほかなりません。図7.7 に示すように，人間の聴覚器官は，その役割によって，**外耳**，**中耳**，**内耳**に大きく区分することができます。

外耳にあたるのは，**耳介**と**外耳道**です。耳介は前方から聞こえてくる音を

図7.7 聴覚器官

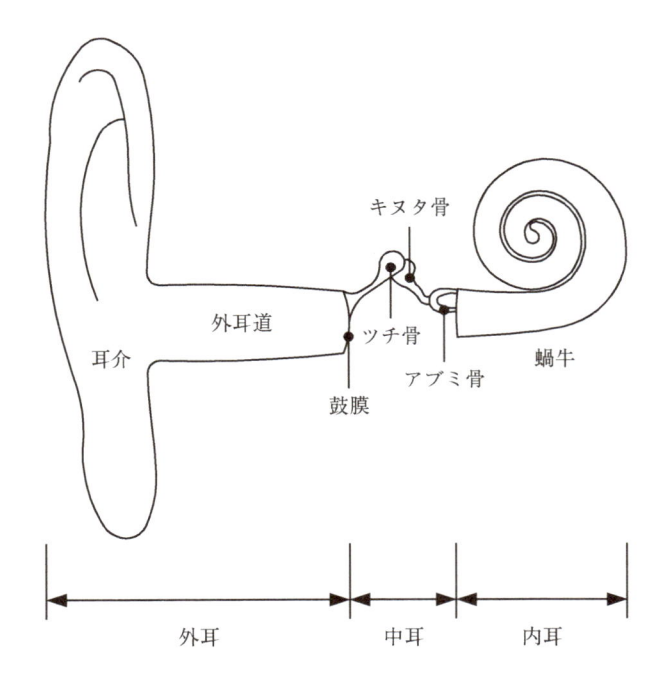

強調するはたらきがあり、音が鳴っている場所を判断するための手がかりを与えてくれます。外耳道は音の通り道になっており、**鼓膜**を底とする一種の閉管になっています。

中耳にあたるのは、**ツチ骨**、**キヌタ骨**、**アブミ骨**と呼ばれる3個の**耳小骨**です。鼓膜の振動を内耳に中継するのが耳小骨の役割になっています。

内耳にあたるのは、**蝸牛**と呼ばれる渦巻き状の管です。鼓膜の振動を電気信号に変換するのが蝸牛の役割になっています。じつは、こうした電気信号こそ、人間の聴覚が音として知覚している情報の正体にほかなりません。

図7.8 は、説明のため、蝸牛を引き伸ばしたものになっています。この図に示すように、蝸牛の内部は基底膜によって**前庭階**と**鼓室階**に仕切られていますが、これらは蝸牛の先端にある**蝸牛孔**でつながっています。

鼓膜の振動は**前庭窓**を通して蝸牛に伝わり、内部を満たしたリンパ液を振動させます。こうしたリンパ液の振動は、前庭階から蝸牛孔を経由して鼓室

図7.8　鼓膜の振動と基底膜の振動

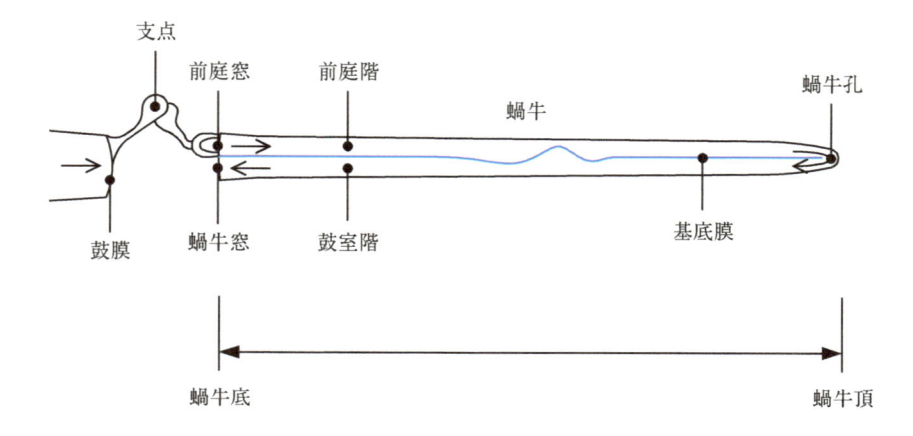

階に伝わり，最終的に**蝸牛窓**(かぎゅうそう)に到達します。前庭窓と蝸牛窓は膜状のふたになっており，耳小骨の振動によって前庭窓が内部に押されると蝸牛窓は外部に押され，前庭窓が外部に引っ張られると蝸牛窓は内部に引っ張られるように動きます。

聴覚器官には，鼓膜の振動を効率よく蝸牛に伝えるしくみが備わっています。鼓膜と前庭窓の面積の比は 17:1 になっており，これによって鼓膜の振動は 17 倍に増幅されます。また，耳小骨はツチ骨とキヌタ骨の連結部を支点とする「てこ」として動作しますが，ツチ骨とキヌタ骨の長さの比は 1.3:1 になっており，これによって鼓膜の振動は 1.3 倍に増幅されます。こうしたしくみによって，鼓膜の振動はおよそ 22（≒ 17×1.3）倍に増幅されて蝸牛に伝わることになります。

リンパ液の振動は基底膜の振動を引き起こします。**図7.9** に示すように，基底膜には**有毛細胞**(ゆうもうさいぼう)が乗っており，**蓋膜**(がいまく)に向かって伸びている**聴毛**(ちょうもう)が基底膜の振動によって折れ曲がると，有毛細胞は**インパルス**と呼ばれる電気信号を放出します。こうした現象を**発火**(はっか)と呼びます。聴覚神経を経由してインパルスが脳に伝えられると，人間の聴覚はこれを音として知覚することになります。

基底膜にはおよそ 20000 個の有毛細胞がくまなく分布していますが，活発に発火するのは，基底膜が大きく振動する場所にある有毛細胞に限られてい

図7.9 蝸牛の断面

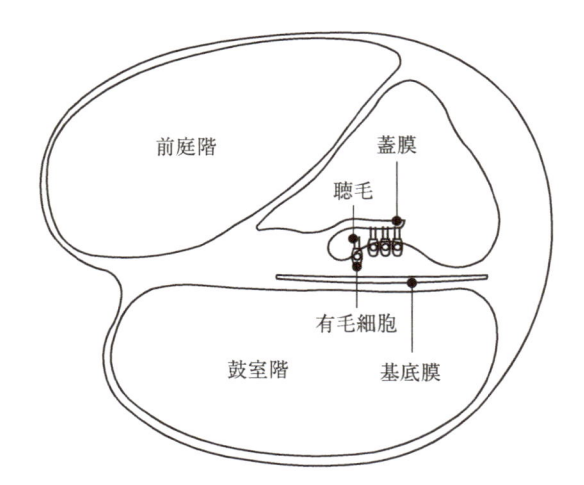

ます。図7.10に示すように，基底膜の振動の範囲は，音が小さいと狭く，音が大きいと広くなります。また，基底膜の振動のピーク位置は，音が高いと**蝸牛底**に近づき，音が低いと**蝸牛頂**に近づきます。人間の聴覚は，こうした基底膜の振動の特徴を手がかりにして音の周波数分析を行っていると考えられています。

図7.11に示すように，基底膜の振動のピーク位置と周波数の関係を調べてみると，わずか3 cmほどの長さの基底膜におよそ20 Hzから20 kHzまでの周波数が対応していることがわかります。じつは，こうした周波数の範囲こそ，人間の聴覚が知覚できる音の範囲にほかなりません。なお，基底膜の振動のピーク位置と周波数は対数的に対応づけられており，周波数分析の周波数分解能は，周波数が低い音に対しては細かく，周波数が高い音に対しては粗くなることが人間の聴覚の特徴になっています。

第 7 章 ◆ 可聴範囲

図7.10 基底膜の振動：(a) 小さい音，(b) 大きい音，(c) 高い音，(d) 低い音

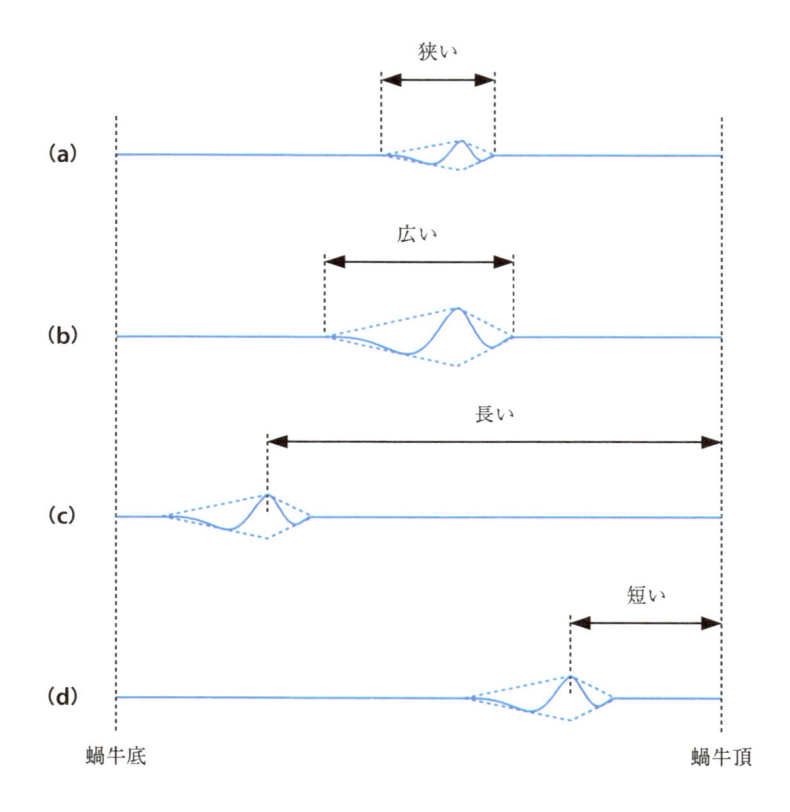

図7.11 基底膜の振動のピーク位置

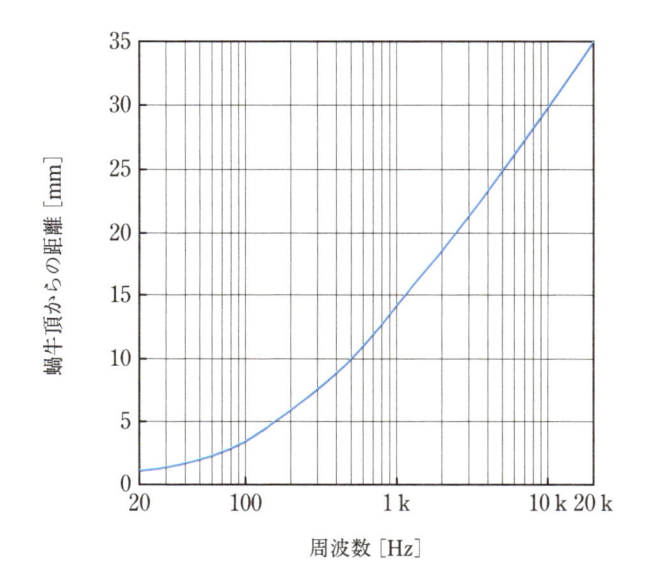

7.4　気導音と骨導音

　じつは，人間の聴覚は，外耳と中耳を経由して内耳に伝わる**気導音**だけを音として知覚しているわけではありません。図7.12に示すように，人間の聴覚は，頭蓋骨など身体の組織の振動がそのまま内耳に伝わる**骨導音**も音として知覚しています。

　骨導音として最も身近なものは自分の声です。気導音だけなく，音声器官からそのまま内耳に伝わる骨導音を重ね合わせたものを，私たちは自分の声として聞いています。

　録音した声が自分の声ではないように聞こえることは皆さんもよくご存知のことと思います。通常のマイクは気導音しか録音せず，骨導音は録音しないため，骨導音に特有の低い周波数成分が欠けてしまうことが，こうした違和感をもたらす理由になっています。

図7.12 気導音と骨導音

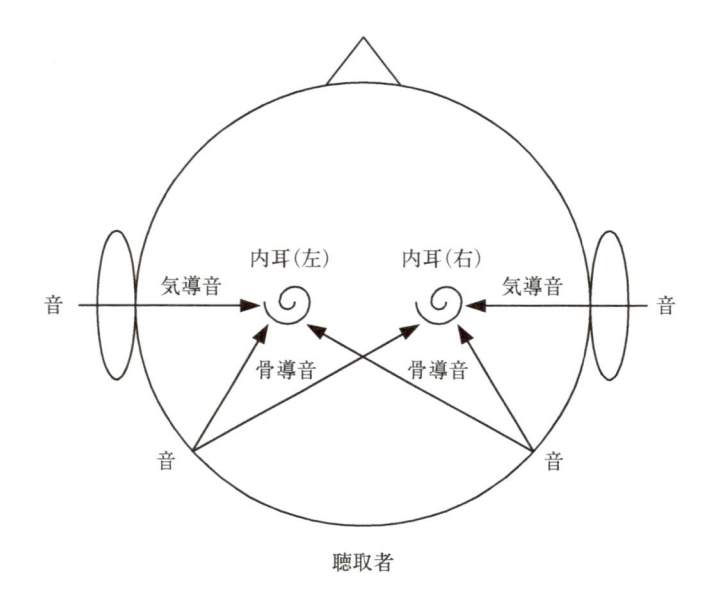

7.5　可聴範囲

　内耳の特徴からもわかるように，人間の聴覚はおよそ 20 Hz から 20 kHz までの周波数を**可聴範囲**として音を知覚しています。これよりも低い**超低周波音**や，これよりも高い**超音波**を，人間の聴覚は音として知覚することができません。

　ただし，可聴範囲といっても，周波数によって音を知覚する感度には違いが見られます。

　人間の聴覚が知覚できる最小の音の大きさを，**最小可聴値**または**聴覚閾値**と呼びます。図 7.13 に示すように，最小可聴値は周波数によって大きく変化します。人間の聴覚は 3 kHz から 4 kHz あたりの周波数に対して最も感度がよく，ほかの周波数では聞き取ることができない小さい音も知覚することができます。外耳道は長さが 2 cm から 3 cm ほどの閉管になっており，共鳴によって 3 kHz から 4 kHz あたりの周波数が強調されることが，こうした最小可聴値の感度に影響していると考えられています。

図7.13 可聴範囲

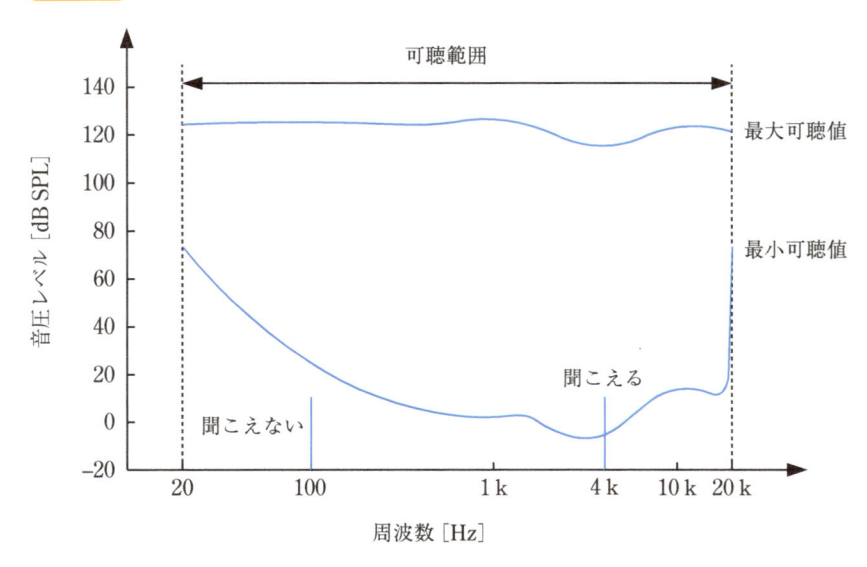

一方，人間の聴覚が知覚できる最大の音の大きさを，**最大可聴値**または**痛覚閾値**と呼びます。最小可聴値とは異なり，最大可聴値は周波数による変化がほとんどありません。最大可聴値よりも大きい音に対しては耳が痛くなるほどの不快感を覚えることが，痛覚閾値の名前の由来になっています。

7.6 聴力検査

健康診断でおなじみの**聴力検査**は，聴覚閾値を測定する検査にほかなりません。なお，聴力検査のように聴覚の特徴の測定にかかわる場合は，最小可聴値ではなく聴覚閾値を専門用語として使う場合が多いことに注意してください。

聴力検査にはいくつかの方法がありますが，最も基本となるのが**純音聴力検査**です。125 Hz から 8 kHz まで 7 個の周波数のサイン波を検査音として，それぞれの周波数の聴覚閾値を調べるのが，気導音を使った純音聴力検査の方法になっています。

純音聴力検査の結果をグラフにまとめたものを**オージオグラム**と呼びます。

第 7 章 ◆ 可聴範囲

図7.14 健聴者のオージオグラム

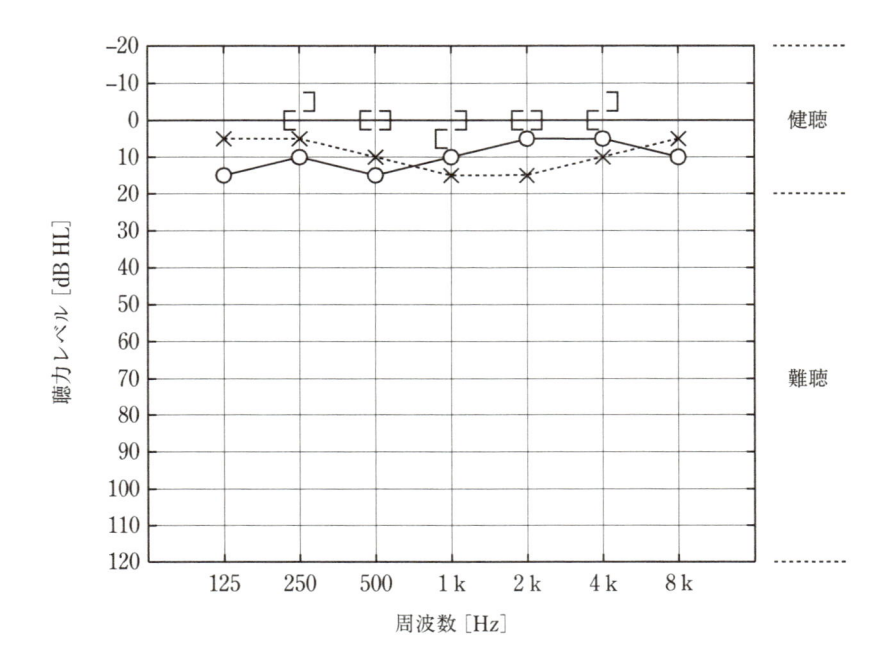

図 7.14 に示すように，オージオグラムは，気導音の場合，右耳の聴覚閾値を○，左耳の聴覚閾値を×で表します。なお，聴覚閾値は**聴力レベル**を単位として表されます。聴力レベルの単位は「dB HL（デシベル・エイチ・エル）」です。**HL** は「Hearing Level（聴力レベル）」の略語になっています。聴力レベルは，健聴者の平均の聴覚閾値を基準値として，これが 0 dB になるように定義されたものになっています。

検査の結果，聴力レベルが 20 dB HL 以下であれば，聴力は正常であると考えられます。場合によっては，聴力レベルが 0 dB HL よりも小さくなることがありますが，これは，平均よりも聴力が優れていることを意味しています。

一方，聴力レベルが 20 dB HL 以上であれば，難聴の疑いがあります。これは，平均と比べると，音圧にして 10 倍以上の大きさにしなければ音が聞こえないことを意味しています。

気導音だけでなく骨導音も使って聴力検査を行うと，難聴の種類を特定することができます。外耳や中耳に問題があると気導音が聞き取りにくくなりますが，骨導音が聞こえるのであれば内耳には問題がないと判断できます。こうした種類の難聴を**伝音性難聴**と呼びます。一方，骨導音も聞き取りにくいのであれば内耳に問題があると判断できます。こうした種類の難聴を**感音性難聴**と呼びます。

骨導音を使った聴力検査には，耳にかけるヘッドフォンのかわりに，頭蓋骨に振動を伝えるための専用のレシーバーを使います。250 Hz から 4 kHz まで 5 個の周波数のサイン波を検査音として，それぞれの周波数の聴覚閾値を調べるのが，骨導音を使った純音聴力検査の方法になっています。図 7.14 に示すように，オージオグラムは，骨導音の場合，右耳の聴覚閾値を［，左耳の聴覚閾値を］で表します。

聴力レベルは，健聴者の平均の聴覚閾値を基準値として音の大きさを表したものになっていますが，一方，個人ごとの聴覚閾値を基準値として音の大きさを表したものを**感覚レベル**と呼びます。感覚レベルの単位は「dB SL（デシベル・エス・エル）」です。**SL** は「Sensation Level（感覚レベル）」の略語になっています。感覚レベルは，個人ごとの聴覚閾値を基準値として，これが 0 dB になるように定義されたものになっています。

7.7 モスキート

基底膜は，蝸牛底から蝸牛頂に向かって振動を伝えるしくみになっているため，蝸牛底に近い聴毛ほど振動の影響を受けやすく，加齢にともない損傷していきます。そのため，図 7.15 に示すように，高い周波数の音から聞き取りにくくなっていくのが高齢者の聴力の特徴になっています。

じつは，こうした人間の聴覚の特徴を逆手にとったしくみとして知られているのが**モスキート**と呼ばれる一種のセキュリティ装置です。モスキートが鳴らす高い周波数の警報音は大人にはほとんど聞こえませんが，10 代の若者には耳障りに聞こえます。大人には聞こえず若者だけに聞こえる警報音を鳴らすことで，商店街などをたむろする若者を追い払おうとするのがモスキートのアイデアになっています。

真偽のほどはともかく，蚊は超音波をいやがるという説があります。こう

図7.15 高齢者のオージオグラム

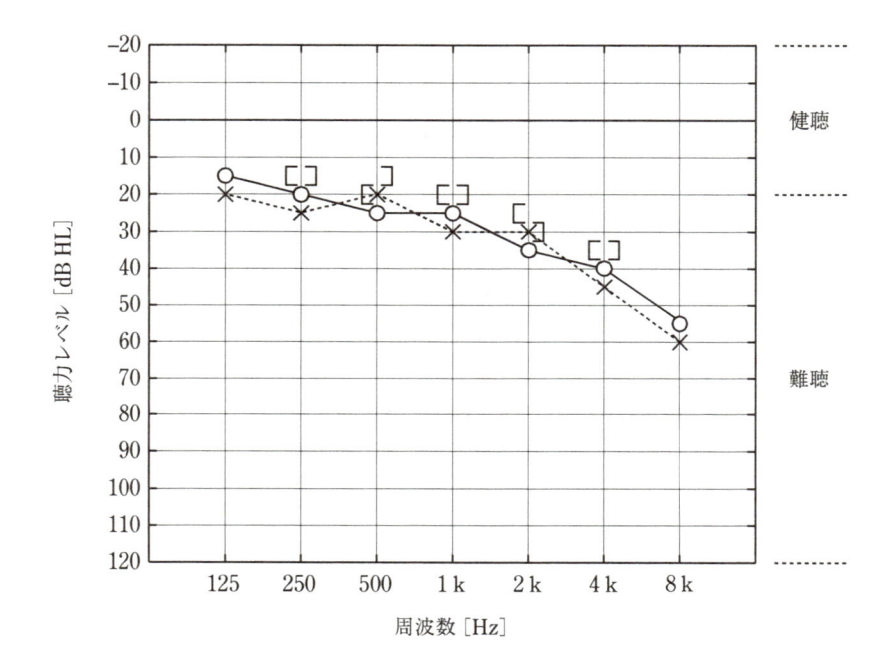

した超音波を使って蚊を撃退するというイメージが，高い周波数の警報音によって若者を追い払おうとするモスキートの名前の由来になっています。

　サポートサイトのサンプルは，周波数がそれぞれ 1 kHz から 20 kHz までのサイン波の音になっています。モスキートは 17 kHz のサイン波を警報音として鳴らしていますが，皆さんにはこうした高い音が聞こえるでしょうか？

　視力の衰えにはすぐに気がつきますが，聴力の衰えにはなかなか気がつきません。若者には聞こえているはずの高い音が聞こえず，聴力の衰えにはじめて気がついた方もいらっしゃったのではないでしょうか。

7.8　騒音計

　交通量の多い道路など，騒音が問題になる環境で音の大きさを調べるために利用されているのが**騒音計**です。

音圧を測定し，dB を単位として音の大きさを表示するのが騒音計のしくみになっています。ただし，通常の音圧レベルとは異なり，騒音計で測定した音圧レベルは，人間の聴覚の特徴を考慮し，周波数による感度の補正を行ったものになっています。そのため，これを**騒音レベル**と呼びます。

図 7.16 に示すように，こうした感度の補正には，通常，**A 特性**と **C 特性**のどちらかが利用されます。なお，補正を一切行わない場合は **Z 特性**になります。A 特性は，1 kHz よりも低い周波数で感度を小さくすることで，小さい音に対する人間の聴覚の特徴を考慮したものになっています。一方，C 特性は，すべての周波数で感度をほぼ一定にすることで，大きい音に対する人間の聴覚の特徴を考慮したものになっています。騒音レベルの単位は，A 特性で測定すると「dB A（デシベル・エー）」，C 特性で測定すると「dB C（デシベル・シー）」になります。

大型の機械が稼動する工場など，ひっきりなしに音がする環境で騒音を聞き続けると，聴力の低下をはじめ，聴覚に重大な障害を引き起こすおそれがあります。そのため，8 時間労働の職場では，平均の騒音レベルが 85 dB A を超えないように配慮しなければならないことが法律で定められています。

図7.16 騒音計の感度

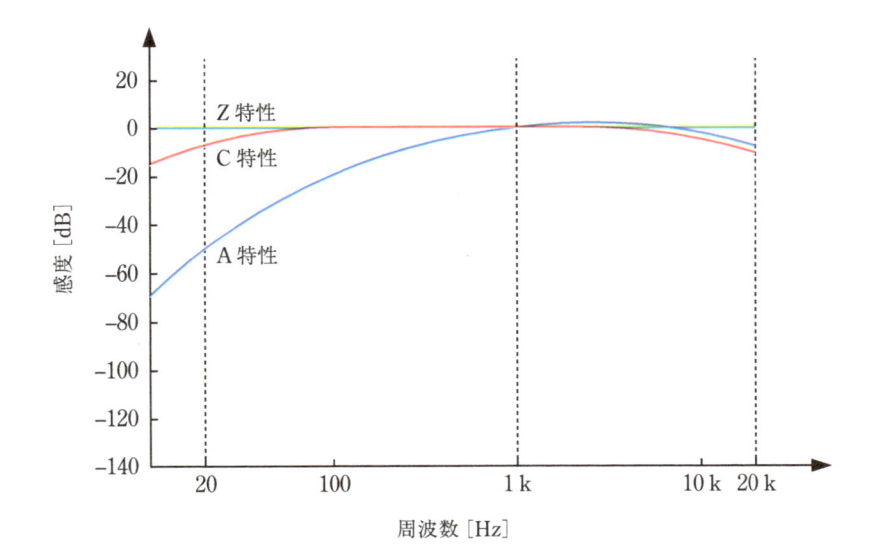

第 8 章 サンプリング

レコードにかわり登場した音楽 CD は，本来はアナログ信号である音をディジタル信号のデータに変換して記録しています。本章では，こうした音の記録に必要となるサンプリングと呼ばれる技術について勉強してみることにしましょう。

8.1 レコード

現存する最古の絵は，数万年前に原始人が描いたとされる洞窟の壁画にさかのぼることができます。それに比べると音の記録は歴史が浅く，人類がようやく音を記録できるようになったのは，わずか 100 年ほど前のことにすぎません。

音を記録する機械として世界ではじめて実用化されたのは，1877 年，アメリカのエジソンによって発明された**蓄音機**です。**レコード**に音を記録するのが蓄音機のしくみになっていますが，図 8.1(a) に示すように，円筒型のレコードを回転させ，その側面に針をあてて波形の溝を刻み込むことで音を記録するのがエジソンの蓄音機の特徴になっています。逆に，溝を針でなぞり，その動きに合わせてスピーカーを振動させると音を再生することができます。

図8.1 レコード：（a）円筒型，（b）円盤型

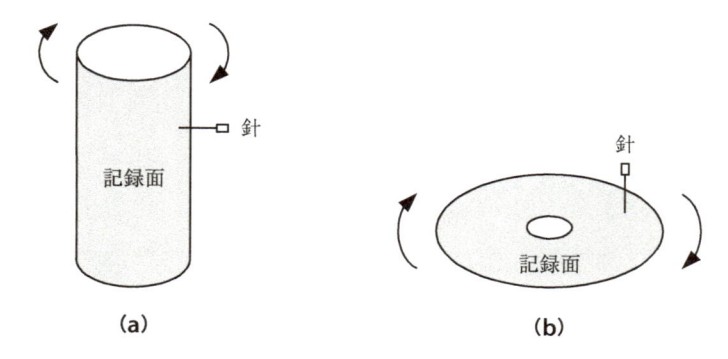

このように，音を記録するメディアは円筒型のレコードがはじまりだったわけですが，レコードと聞いてほとんどの方が真っ先に思い浮かべるのは，図 8.1(b) に示すように，やはり円盤型のものではないでしょうか。1887 年，フランスのベルリナーによって発明された円盤型のレコードは，プレスによる大量生産に適していたため，しだいに円筒型のレコードにかわり普及していったのが，その後のレコードの歴史になっています。

かつては，音楽を聴きたくてもコンサートに行くしか手段がない時代もありました。その場に居合わせなかった人も音楽を楽しむことを可能にしたレコードの登場は，新しい産業を生み出したインパクトの大きい発明だったといえるでしょう。

8.2 音楽 CD

再生するため針でなぞっているうちに，レコードの溝は少しずつ削られていきます。そのため，再生を繰り返すとしだいに音が劣化してしまうのがレコードの弱点になっています。

こうした問題を解決するかのように登場したのが，日本のソニーとオランダのフィリップスによって開発された**音楽 CD**（Compact Disk）です。音楽 CD が登場したのは 1982 年のことでしたが，音がまったく劣化しないという特徴をセールスポイントとして，またたく間にレコードに取ってかわる存在になっていったことは皆さんもよくご存知のことと思います。

図 8.2(a) に示すように，レコードは波形をそのまま溝に刻み込み，連続的なデータとして音を記録しています。このように，すべての時刻で値を持つ情報を**アナログ信号**と呼びます。

一方，図 8.2(b) に示すように，音楽 CD は一定の時間間隔で波形を読み取り，離散的なデータとして音を記録しています。このように，離散的な時刻でのみ値を持つ情報を**ディジタル信号**と呼びます。

レコードは少しでも傷がついてしまうとすぐに音が劣化してしまいます。一方，音楽 CD は少しくらいの傷であれば音はまったく劣化しません。

レコードとは異なり，音楽 CD がこうした傷に強いのは，言ってみれば，アナログ信号が小数を含むあらゆる数を取り扱うのに対して，ディジタル信号は整数しか取り扱わないことが理由になっています。たとえば，レコード

図8.2 音の記録：（a）レコード，（b）音楽 CD

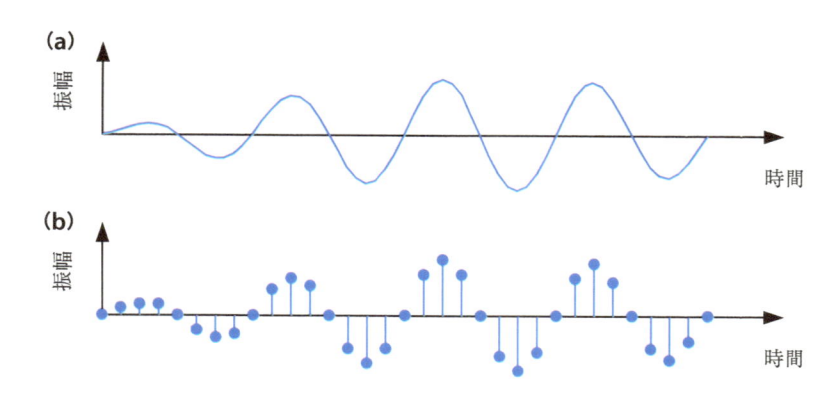

に傷がつき，本来は 1 だったデータが 0.9 に変化したとしても，アナログ信号はこうした誤差を修正することができません。一方，音楽 CD に傷がついたとしても，本来は 1 だったデータが 0.9 に変化することはありません。ディジタル信号は整数しか取り扱わず，四捨五入によって 0.9 は 1 に修正されるしくみになっているためです。

こうしたディジタル信号の特徴を利用して，決して劣化しない音の記録を可能にしたことが，音楽 CD のもたらした最大のインパクトだったといえるでしょう。

8.3　サンプリング

アナログ信号をディジタル信号に変換するしくみを**サンプリング**と呼びます。サンプリングは，**標本化周期**と呼ばれる時間間隔でアナログ信号を読み取る**標本化**，標本化したアナログ信号を数として記録する**量子化**というふたつの手順によって，アナログ信号をディジタル信号に変換する処理になっています。

このように，専門用語がたくさん登場すると，とても難しい技術のように思われるかもしれませんが，じつは，サンプリングのしくみそのものはすでに小学校で経験してきていることと言ったら，皆さんは驚かれるでしょうか。小学校の理科の実験で，一定の時間間隔で計測器の目盛りを読み取り，その

結果をノートに記録したことを覚えていらっしゃる方も多いのではないかと思いますが，これこそがまさにサンプリングなのです。

たとえば，気温の変化を例にとってみましょう。図 8.3 (a) に示すように，気温は刻一刻と連続的に変化するアナログ信号です。そのため，気温の変化を正確に記録するには，気温をつねに計測し続ける必要があります。

しかし，実際の気温はそれほど急激には変化しません。そのため，図 8.3(b) に示すように，一定の時間間隔で計測した離散的なディジタル信号であっても，図 8.3(c) に示すように，隣り合ったサンプルをつないで折れ線グラフを作成することで気温の変化を近似することができます。

このように，離散的なディジタル信号によって連続的なアナログ信号を近似するというアイデアこそ，サンプリングの最も重要なポイントといってよいでしょう。

サンプリングは，アナログ信号をディジタル信号に変換する処理になっているため，**A–D**（Analog–to–Digital）**変換**とも呼ばれます。一方，ディジタル信号を折れ線グラフとしてつなぎ，本来のアナログ信号を近似することは，言ってみれば，ディジタル信号をアナログ信号に変換する処理にほかなりません。そのため，こうした処理を **D–A**（Digital–to–Analog）**変換**と呼びます。

図8.3　気温の変化：(a) アナログ信号，(b) ディジタル信号，(c) ディジタル信号によるアナログ信号の近似

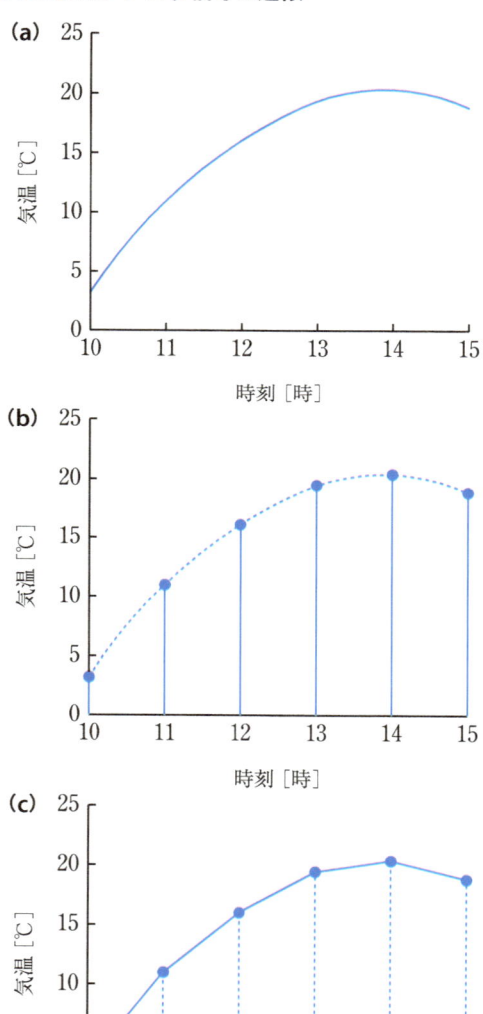

8.4　標本化

標本化周期と呼ばれる一定の時間間隔でアナログ信号を読み取るのが**標本化**の役割です。

標本化の性能は，時間を区切る標本化周期の大小によって決まります。標本化周期を小さくすると標本化の性能は高くなります。

もっとも，標本化の性能は，標本化周期のままではなく，**標本化周波数**によって比較することが一般的です。標本化周波数は1秒間あたりの標本化の回数にあたります。標本化周波数の単位は「Hz（ヘルツ）」です。標本化周期を t_S，標本化周波数を f_S とすると，両者の関係はつぎのように定義できます。

$$f_S = \frac{1}{t_S} \tag{8.1}$$

図 8.4 に示すように，標本化周波数を 5 Hz にすると 1 秒間あたりの標本化の回数は 5 回，標本化周波数を 10 Hz にすると 1 秒間あたりの標本化の回数は 10 回になります。標本化周波数を大きくすればするほど標本化周期 t_S は小さくなり，波形の詳細な変化を落とさずにアナログ信号をディジタル信号に変換することができます。

図8.4 標本化周波数：(a) 5 Hz，(b) 10 Hz

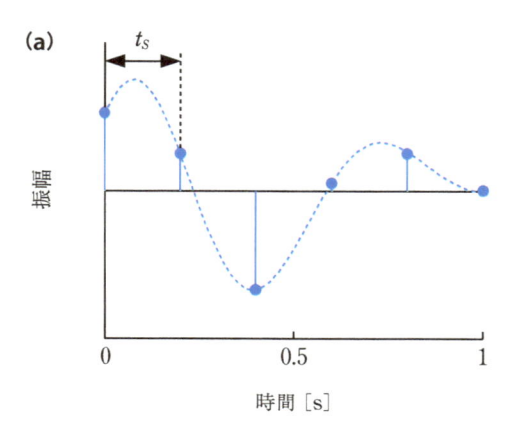

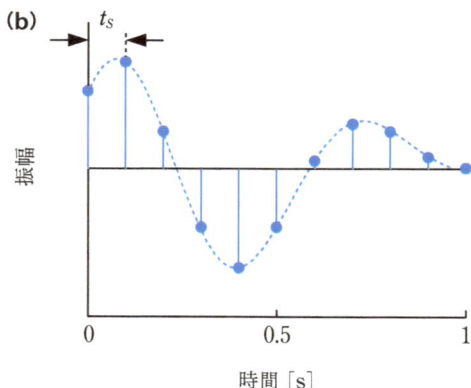

8.5 標本化定理

　標本化周波数を大きくすれば標本化の性能は高くなりますが，ディジタル信号のデータ量はそれだけ増えてしまうことになるため，実際は標本化周波数をある程度に抑える必要があります。
　こうした標本化周波数の設定にあたって指針になるのが**標本化定理**です。
　標本化定理の前提になるのは，第3章で説明した**重ね合わせの原理**です。どんなに複雑な波形であっても大小さまざまなサイン波の重ね合わせによって

合成できることから，サイン波はあらゆる波形を作り出すための基本単位として位置づけることができます。こうしたサイン波をディジタル信号として適切に表現するための条件を定義したものが標本化定理にほかなりません。

細部が複雑な波形ほど，周波数の高いサイン波を含んでいます。そのため，波形の詳細な変化を落とさずにアナログ信号をディジタル信号に変換するには，周波数の高いサイン波をもらさずサンプリングできるように標本化周波数を設定する必要があります。

図 8.5 に示すように，サイン波をディジタル信号として適切に表現するには，1 周期あたり少なくとも 2 個のデータが必要です。折れ線グラフとして

図8.5 **サイン波の標本化：（a）$t_S < t_0/2$ のとき，（b）$t_S = t_0/2$ のとき，（c）$t_S > t_0/2$ のとき**

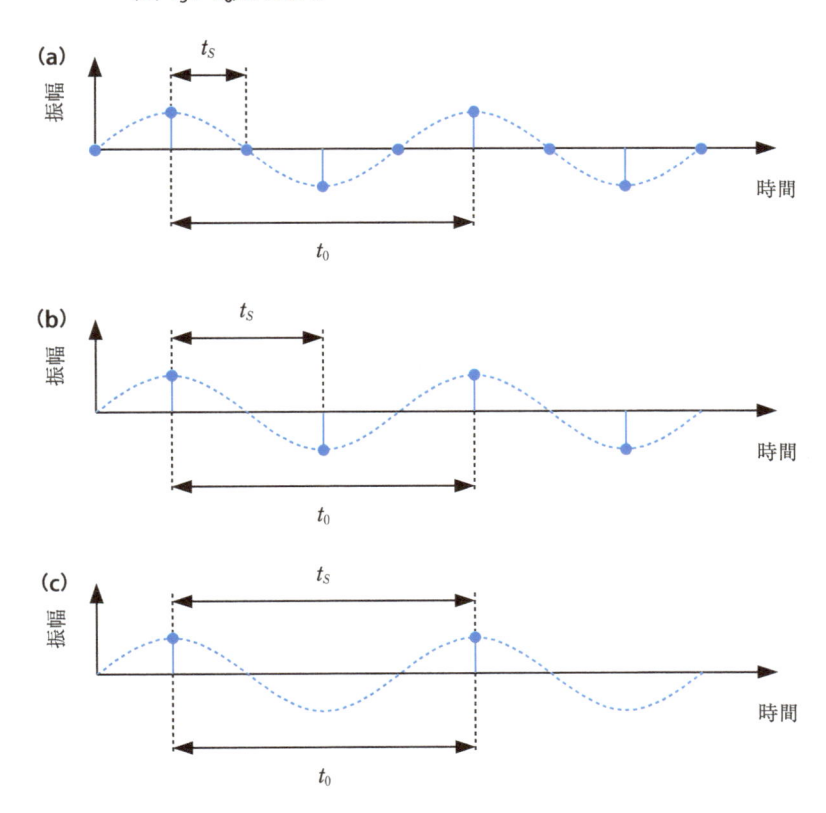

つなぎ，本来のアナログ信号を近似しようとしても，1周期あたり1個のデータではサイン波の山と谷を適切に表現できません。

すなわち，標本化周期を t_S，サイン波の周期を t_0 とすると，つぎの関係を導き出すことができます。

$$t_S \leq t_0/2 \tag{8.2}$$

標本化周波数を f_S，サイン波の周波数を f_0 とすると，f_S は t_S の逆数，f_0 は t_0 の逆数として定義できるため，式 (8.2) は，つぎのように書き換えることができます。

$$f_S \geq 2f_0 \tag{8.3}$$

この式は，周波数 f_0 のサイン波をサンプリングするには，標本化周波数 f_S を f_0 の2倍以上に設定する必要があるということを意味しています。

すなわち，図 8.6 に示すように，波形に含まれるサイン波の周波数のなかで最も高いものを f_{max} とすると，この周波数までサイン波をもらさずサンプリングするには，標本化周波数 f_S を f_{max} の2倍以上にすればよいことになります。これが標本化定理にほかなりません。式で表すと，標本化定理はつぎのように定義することができます。

$$f_S \geq 2f_{max} \tag{8.4}$$

第7章で説明したように，人間の聴覚は最高で 20 kHz までの周波数の音を聞き取ることができます。そのため，標本化定理に照らし合わせると，ア

図8.6　**標本化定理**

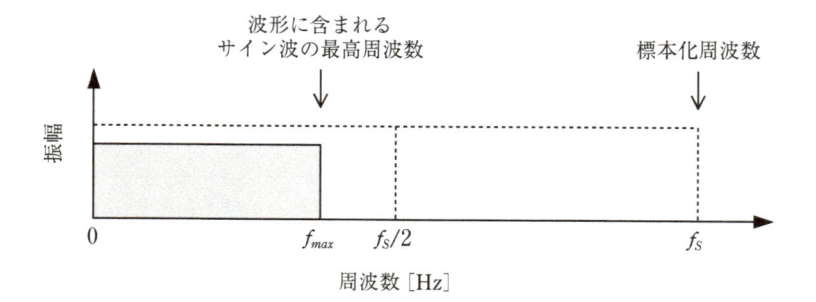

図8.7 音楽CDの標本化周波数

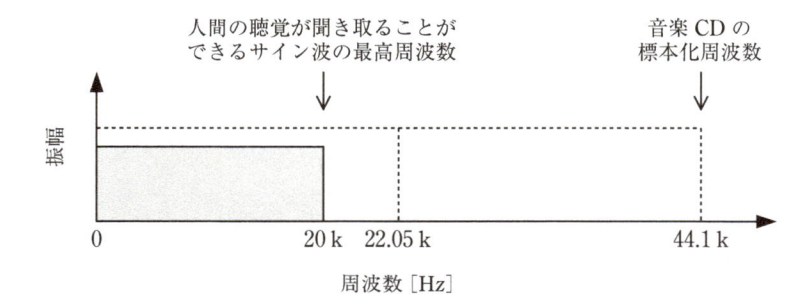

ナログ信号の音をディジタル信号のデータに変換するには、標本化周波数を20 kHzの2倍以上、すなわち40 kHz以上に設定するのが妥当と考えられます。

こうした標本化定理にしたがって、音楽CDの標本化周波数は44.1 kHzに設定されています。図8.7に示すように、音楽CDは22.05 kHzまでの周波数のサイン波をサンプリングすることができ、人間の聴覚が聞き取ることができる周波数の音をもらさず記録できるメディアになっています。

8.6 エイリアス歪み

図8.8(a)は、標本化定理を守ってサンプリングしたサイン波です。一方、図8.8(b)は、標本化定理を守らずにサンプリングしたサイン波です。図8.8(c)に示すように、ディジタル信号だけをながめてみると、ふたつの異なるアナログ信号がまったく同じディジタル信号に変換されていることがおわかりいただけるのではないかと思います。

このように、ディジタル信号は複数の解釈が可能であり、これがディジタル信号ならではの特徴になっていることに注意する必要があります。

じつは、アナログ信号をディジタル信号に変換すると、標本化周波数の1/2を中心として本来の周波数成分とその鏡像にあたる周波数成分が対称に出現します。図8.8のふたつのサイン波は、これらの周波数成分にほかなりません。ここで、鏡像にあたる周波数成分を**エイリアス**と呼びます。エイリアスとは日本語で「別名」を意味する専門用語になっています。

第 8 章 ◆ サンプリング

図8.8 サイン波のサンプリング：(a) 標本化定理を守ってサンプリングしたサイン波，(b) 標本化定理を守らずにサンプリングしたサイン波，(c) ディジタル信号

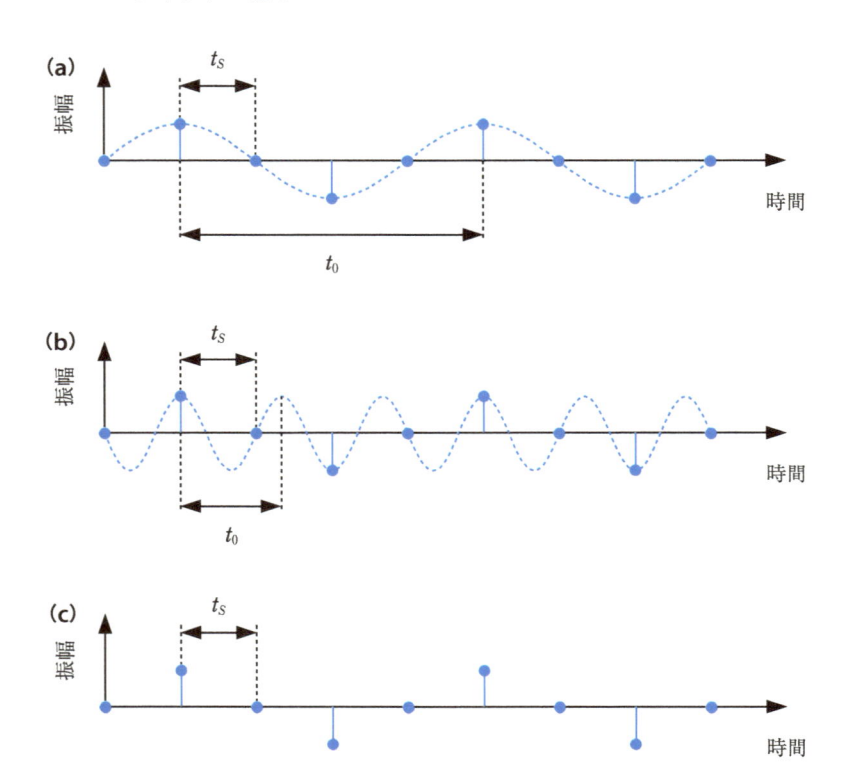

エイリアスは，本来のアナログ信号には存在しないディジタル信号に特有の成分です。そのため，その副作用が気になるところですが，じつは，D-A変換によってディジタル信号をアナログ信号に戻す場合，標本化周波数の1/2よりも高い周波数成分はカットされてしまうため，標本化定理を守ってサンプリングを行っていれば，エイリアスが副作用をもたらすことはありません。しかし，そうでなければ，エイリアスの副作用について注意する必要があります。

図 8.9 は，標本化定理を守り，周波数 f_0 が標本化周波数 f_S の 1/2 以下になるようにしてサンプリングしたサイン波の周波数特性になっています。$f_S/2$

8.6 エイリアス歪み

図8.9 エイリアス歪みが発生しない場合（$f_0 \leq f_S/2$ のとき）

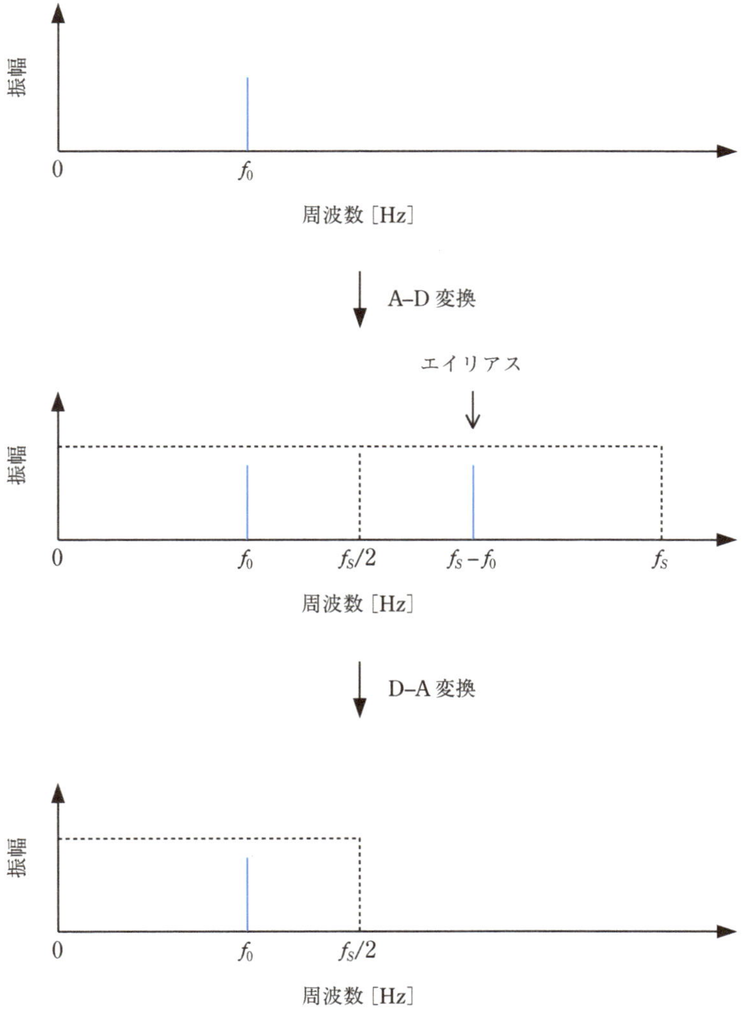

以下の成分が本来のサイン波，$f_S/2$ よりも高い成分がエイリアスです。

このディジタル信号を D–A 変換によってアナログ信号に戻すと，$f_S/2$ よりも高いエイリアスの成分はカットされ，$f_S/2$ 以下の本来の成分だけがアナ

ログ信号に戻ることになります。この場合は，ディジタル信号を本来のアナログ信号に戻すことができるため，エイリアスが副作用をもたらすことはありません。

図8.10 エイリアス歪みが発生する場合（$f_0 > f_S/2$ のとき）

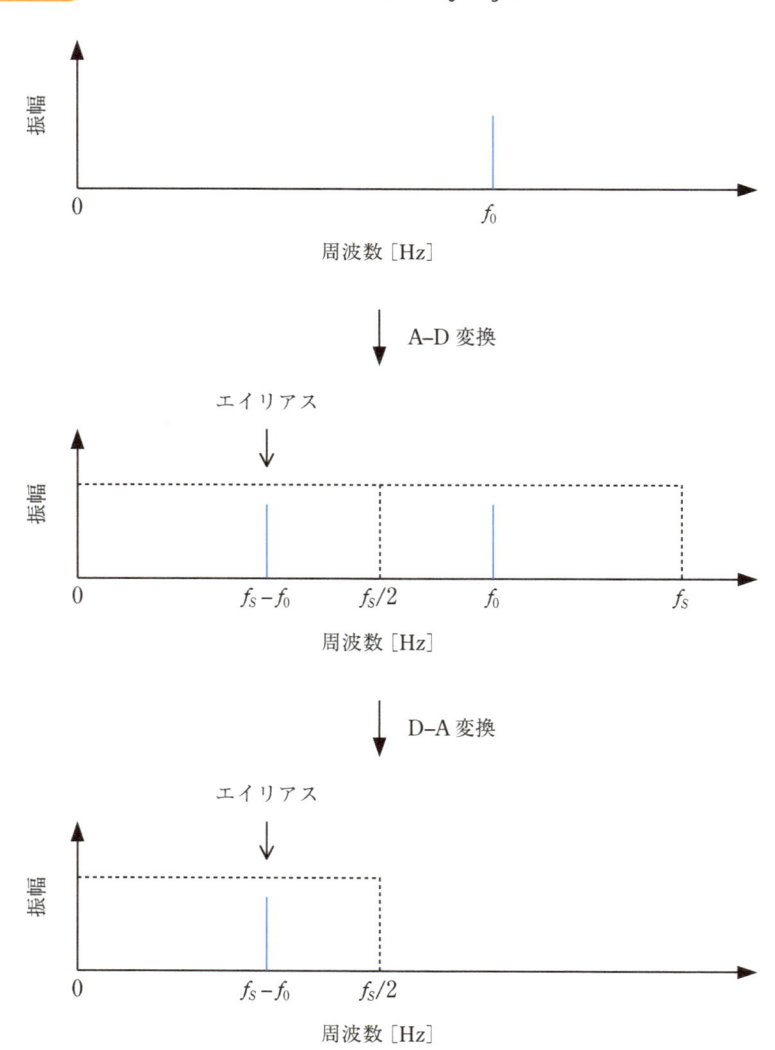

一方，図8.10は，標本化定理を守らず，周波数f_0が標本化周波数f_Sの1/2よりも高くなるようにしてサンプリングしたサイン波の周波数特性になっています。$f_S/2$以下の成分がエイリアス，$f_S/2$よりも高い成分が本来のサイン波です。

このディジタル信号をD–A変換によってアナログ信号に戻すと，$f_S/2$よりも高い本来の成分はカットされ，$f_S/2$以下のエイリアスの成分だけがアナログ信号に戻ることになります。この場合は，ディジタル信号を本来のアナログ信号に戻すことができないため，エイリアスが副作用をもたらすことになります。

こうしたエイリアスの副作用を**エイリアス歪み**と呼びます。なお，エイリアス歪みは，標本化周波数の1/2を中心として折り返すようにして発生するため，**折り返し歪み**とも呼ばれます。

エイリアス歪みの発生を防ぐには，標本化定理を守ることが重要なポイントになります。そのため，実際のサンプリングでは，**アンチエイリアスフィルタ**と呼ばれる低域通過フィルタを使って，標本化周波数の1/2よりも高い周波数成分をあらかじめカットしておくことが，サンプリングを正しく行うために必要な前処理になっています。

8.7　量子化

標本化したアナログ信号を数として記録するのが**量子化**の役割です。標本化が時間を離散化する処理になっているのに対して，量子化は振幅を離散化する処理になっています。

量子化の性能は，振幅を区切るステップ数の大小によって決まります。ステップ数を大きくすると量子化の性能は高くなります。

もっとも，量子化の性能は，ステップ数のままではなく，**量子化精度**によって比較することが一般的です。量子化精度は，ひとつのディジタル信号を記録するのに必要なデータ量にあたります。量子化精度の単位は「bit（ビット）」です。ステップ数をN，量子化精度をQとすると，両者の関係はつぎのように定義できます。

$$N = 2^Q \tag{8.5}$$

> **図8.11** 量子化精度：(a) 2 bit, (b) 3 bit

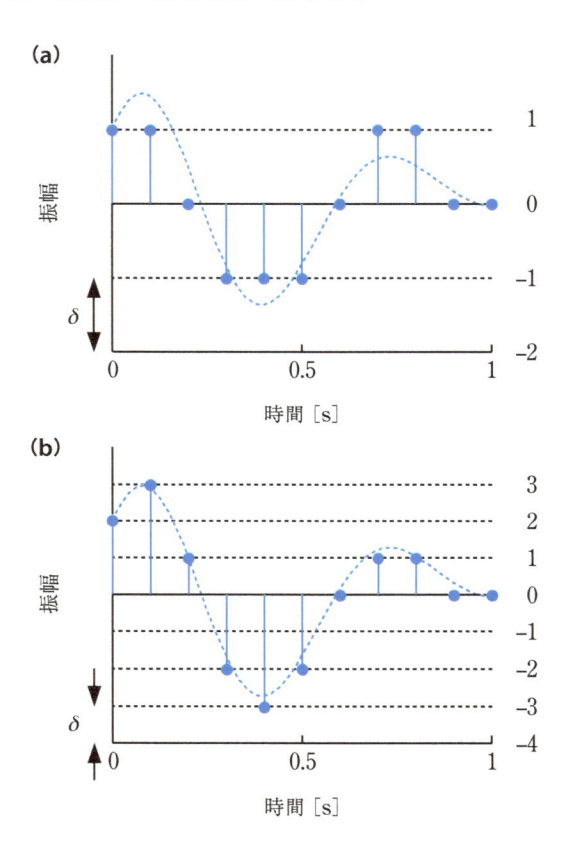

　図8.11に示すように，量子化精度を2 bitにするとステップ数は4（$= 2^2$）段階，量子化精度を3 bitにするとステップ数は8（$= 2^3$）段階になります。量子化精度を大きくすればするほどステップ幅 δ（デルタ）は小さくなり，波形の詳細な変化を落とさずにアナログ信号をディジタル信号に変換することができます。

8.8 量子化雑音

　小数を含むあらゆる数を取り扱うアナログ信号を四捨五入し，整数だけを取り扱うディジタル信号に変換する処理が量子化にほかなりません。そのため，量子化によってアナログ信号とディジタル信号には誤差が生じることになります。これを**量子化雑音**と呼びます。

　図 8.12 に示すように，ステップ幅が大きいと波形の詳細な変化を正確にとらえることができず，量子化雑音が目立ってしまいます。そのため，量子化雑音を抑えるには量子化精度をできる限り大きくしたいところですが，ディジタル信号のデータ量はそれだけ増えてしまうことになるため，実際は量子化精度をある程度に抑える必要があります。

　こうした量子化精度の設定にあたって指針になるのが**ダイナミックレンジ**です。ダイナミックレンジは，メディアに記録できる最も小さい振幅と最も大きい振幅の比をとり，対数をとったものとして定義されます。ダイナミッ

図8.12　量子化雑音：（a）ステップ幅が小さい場合，（b）ステップ幅が大きい場合

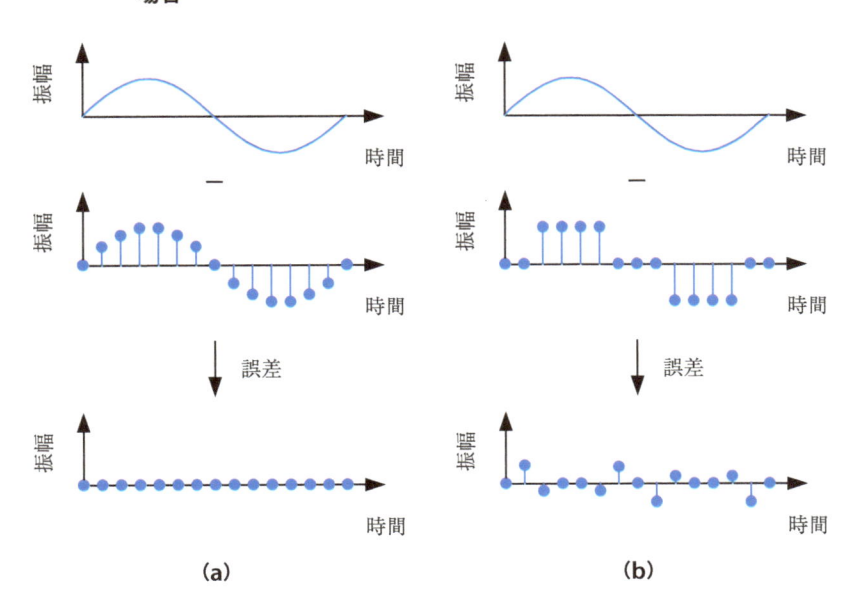

クレンジの単位は「dB（デシベル）」です。

ディジタル信号の場合，ステップ数を N とすると，つぎのようにダイナミックレンジを定義することができます。

$$20 \log_{10}\left(\frac{N}{1}\right) \tag{8.6}$$

第7章で説明したように，人間の聴覚は，最も小さい音から最も大きい音まで，じつに 120 dB ものダイナミックレンジの音を聞き取ることができます。これは，量子化精度にして 20 bit，ステップ数にして 1048576（$= 2^{20}$）段階のディジタル信号に相当します。そのため，こうした人間の聴覚の特徴に照らし合わせると，ディジタル信号で音を記録するメディアは，量子化精度として少なくとも 20 bit は欲しいところでしょう。

ただし，20 bit もの量子化精度を実現することはコストパフォーマンスの問題があり，ディジタル信号で音を記録するメディアの代表ともいえる音楽 CD も量子化精度は 16 bit にとどまっています。これは，ステップ数にして 65536（$= 2^{16}$）段階，ダイナミックレンジにして 96 dB にすぎず，人間の聴覚の特徴に照らし合わせると，かならずしも十分の規格になっているとはいえません。

じつは，音楽 CD の量子化精度が 16 bit に設定されているのは，音楽 CD が開発された当時の技術水準によるものであり，あらためて考えてみると，規格としてはさらに改善の余地があったことも事実です。しかし，ダイナミックレンジが 60 dB ほどしかないレコードと比べると，音楽 CD の性能は格段に優れており，従来よりも品質の高い音の記録を可能にしたことが，音楽 CD の普及を後押ししたひとつの要因になったのは間違いない事実といえるでしょう。

8.9　メディアの規格

サポートサイトのサンプルを聞き比べてみると，標本化周波数が小さくなるにつれてこもった音になっていくことがおわかりいただけるのではないかと思います。また，量子化精度が小さくなるにつれて量子化雑音が目立つようになっていくことがおわかりいただけるのではないかと思います。

このように，ディジタル信号で音を記録するメディアは，サンプリングの

性能によって品質が左右されるため，標本化周波数と量子化精度の設定には十分に注意する必要があります。音楽 CD の標本化周波数 44.1 kHz と量子化精度 16 bit は，こうしたメディアの規格のなかで最も一般的なものといえるでしょう。

　ただし，一般的だからといって，かならずしもつねに音楽 CD の規格にしたがわなければならないというわけではありません。品質とデータ量は反比例の関係にあり，ある程度の品質の劣化に目をつぶることができるのであれば，音楽 CD よりも小さい標本化周波数や量子化精度が採用されることもあります。

　たとえば，電話の標本化周波数は 8 kHz，量子化精度は 8 bit に設定されています。標本化周波数が 8 kHz になっているため，4 kHz よりも高い周波数成分は削られてしまい，こもった音に聞こえるのが電話の特徴です。しかし，実際のところ，電話は音楽 CD ほどの品質を必要としません。電話先の相手の声を聞き取るにはこの程度の品質で十分なのです。

　第 11 章であらためて説明しますが，じつは，音楽 CD は，左右ふたつのスピーカーから別々の音を再生するため，2 チャンネルの音データを記録したものになっています。そのため，音楽 CD のデータ量は 1 秒間あたり 1411200（=44100 Hz×16 bit×2 チャンネル）bit になっています。

　一方，電話は 1 チャンネルの音データをやりとりしているにすぎません。電話のデータ量は 1 秒間あたり 64000（=8000 Hz×8 bit×1 チャンネル）bit であり，音楽 CD のおよそ 1/20 程度にすぎません。できる限り通信にかかるコストを削減するため，会話の了解度を損なわない程度にサンプリングの性能を落としているのが電話の特徴になっています。

　図 8.13 と図 8.14 に，さまざまなメディアの標本化周波数と量子化精度を示します。なお，AM ラジオ，FM ラジオ，アナログ放送のテレビは，いずれもアナログ信号のまま音を取り扱っていますが，ここでは比較のため，ディジタル信号に変換した場合の換算値を示しています。

　最近は技術の進歩にともない，44.1 kHz 以上の標本化周波数もめずらしくなくなってきました。たとえば，アナログ放送に取ってかわったディジタル放送のテレビは，標本化周波数が 48 kHz になっており，音楽 CD よりも高品質になっています。

　高品質のサンプリングは音楽制作にとっても望ましいといえるでしょう。

図8.13 さまざまなメディアの標本化周波数（単位：Hz）

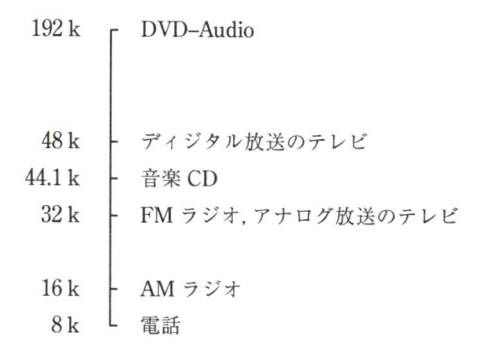

```
192 k  ┬ DVD-Audio

 48 k  ┬ ディジタル放送のテレビ
44.1 k ┤ 音楽 CD
 32 k  ┴ FM ラジオ, アナログ放送のテレビ

 16 k  ┬ AM ラジオ
  8 k  ┴ 電話
```

図8.14 さまざまなメディアの量子化精度（単位：bit）

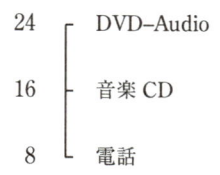

```
24 ┬ DVD-Audio
16 ┤ 音楽 CD
 8 ┴ 電話
```

標本化周波数 192 kHz，量子化精度 24 bit の DVD-Audio は，現時点で最も高品質の規格になっていますが，こうした音楽 CD を超える高品質の規格は，最近では**ハイレゾ音源**と呼ばれる規格として，音楽のダウンロード配信などに利用されるようになってきています。

8.10 Audacity

　第 3 章で紹介した Audacity は，音をサンプリングするためのツールとしても利用することができます。

　音のサンプリングで最も重要になるのが，標本化周波数と量子化精度の設定です。Audacity の場合は，「編集」メニューから「設定」を選択し，図8.15に示すように，「品質」の設定で「サンプリング周波数」と「サンプル形式」を変更すると，標本化周波数と量子化精度を設定することができます。

　続いて，録音ボタンをクリックするとサンプリングが始まります。サンプ

図8.15　**Audacity における音のサンプリング**

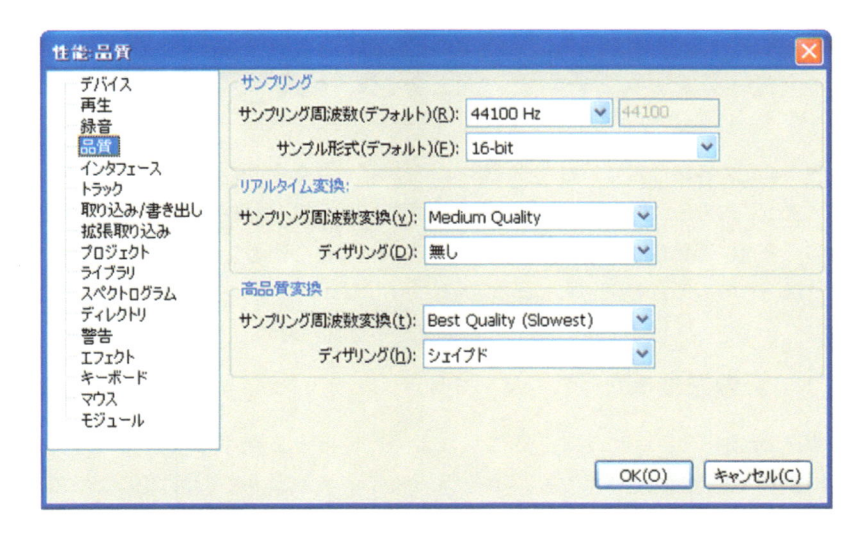

リングを終了するには，停止ボタンをクリックしてください。再生ボタンをクリックするとサンプリングした音を確認することができます。

　この音データをコンピュータに保存するには，「ファイル」メニューから「書き出し」を選択してください。「ファイルの書き出し」ウィンドウで，「ファイルの種類」として「WAV（Microsoft）16 bit PCM 符号あり」を選択すると，音データを **WAVE ファイル**に保存することができます。

　WAVE ファイルは，コンピュータに音データを保存するためのフォーマットとして最も一般的なものになっています。WAVE ファイルに保存した音データは，「Windows Media Player」など，さまざまなアプリケーションで再生することができます。

第 9 章

音の三要素

　一口に音の特徴と言っても，機械によって測定された物理的なものと，人間の聴覚によって知覚された心理的なものがあり，両者には違いが見られます．本章では，音の三要素に着目して，こうした物理的な音の特徴と心理的な音の特徴の違いについて勉強してみることにしましょう．

9.1　音の三要素

　第 7 章で説明したように，周波数によって感度が変化するなど，人間の聴覚によって知覚された音の特徴は一種のバイアスがかかったものになっており，機械によって測定された音の特徴とはかならずしも一致しません．このように，一口に音の特徴と言っても，機械によって測定された物理的なものと，人間の聴覚によって知覚された心理的なものがあり，両者には違いが見られます．

　じつは，音の特徴を表す言葉として何気なく使われている**音の大きさ**，**音の高さ**，**音色**という言葉は，物理的な音の特徴を表すものではなく，正確には心理的な音の特徴を表す専門用語として定義されています．こうした心理的な音の特徴を**音の三要素**と呼びます．なお，あいまいさを避けるため，英語の専門用語のまま，音の大きさを**ラウドネス**，音の高さを**ピッチ**と呼ぶこともぜひ覚えておきましょう．

　図 9.1 に示すように，音の大きさは**音圧**や**音の強さ**，音の高さは**基本周波数**，音色は**周波数特性**という物理的な音の特徴におおまかに対応づけることができますが，これらの関係はかならずしも単純なものにはなっていません．本章では，音の三要素に着目して，こうした物理的な音の特徴と心理的な音の特徴の違いについて勉強してみることにしましょう．

> 図9.1　音の三要素

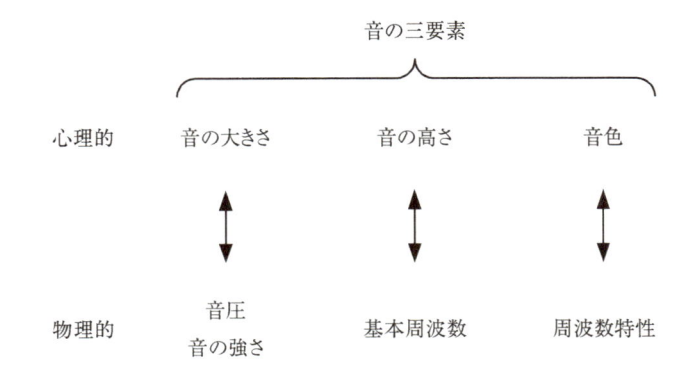

音の三要素

心理的　　音の大きさ　　　音の高さ　　　　音色

　　　　　　↕　　　　　　　↕　　　　　　↕

物理的　　音圧　　　　　基本周波数　　周波数特性
　　　　　音の強さ

9.2　音の大きさ

　人間の聴覚は，物理的な音の特徴である音圧や音の強さを，音の大きさという心理的な音の特徴に変換して知覚しています。

　音の大きさは「phon（フォン）」という単位によって表されます。phonの値は，周波数 1 kHz のサイン波の音圧レベルを基準にして定義されており，周波数 1 kHz のサイン波の音圧レベルがそのまま phon の値になります。たとえば，周波数 1 kHz のサイン波の音の大きさは，音圧レベルが 40 dB SPL のとき 40 phon，音圧レベルが 50 dB SPL のとき 50 phon になります。

　もっとも，phon の値と音圧レベルが一致するのは周波数が 1 kHz のときに限られており，じつは，同じ大きさに聞こえる音圧レベルは周波数によって変化します。このように，心理的には同じ大きさに聞こえても，物理的な音圧や音の強さは周波数によって変化することが，音の大きさの重要な特徴になっています。

　こうした特徴をグラフにしたものが**等ラウドネス曲線**です。図 9.2 に示すように，等ラウドネス曲線は，周波数を変化させながら，同じ大きさに聞こえる音圧レベルを線で結んだグラフになっています。

　第 7 章で説明したように，人間の聴覚は 3 kHz から 4 kHz あたりの周波数に対して最も感度がよくなるため，等ラウドネス曲線を観察すると，同じ大きさに聞こえる音圧レベルは，この帯域で最も小さくなることがわかります。

図9.2 等ラウドネス曲線

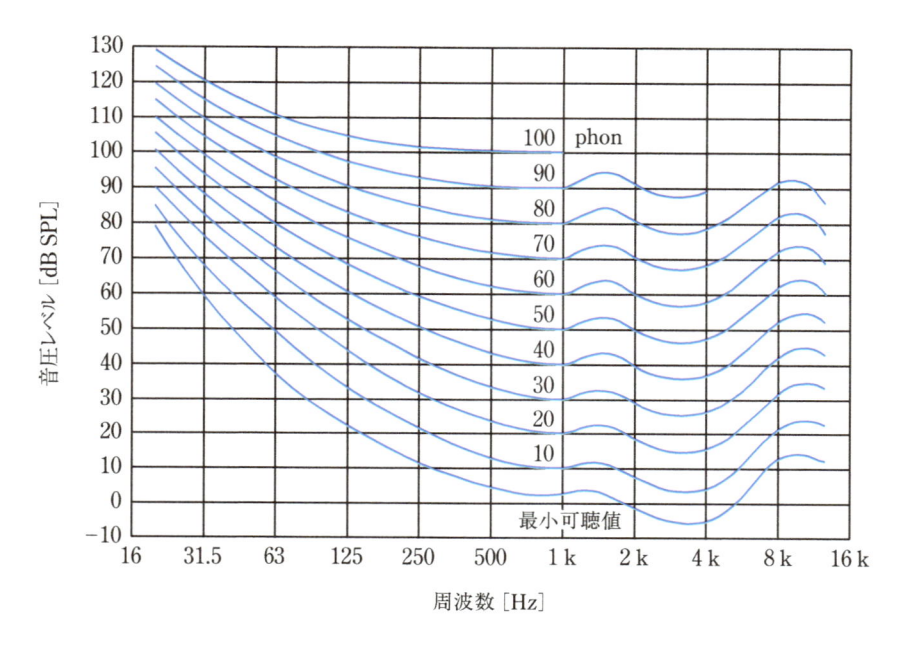

一方，音圧レベルを一定にしたまま周波数を低くしていくと，音はしだいに小さくなっていきます。図9.2に示すように，たとえば，音圧レベルが50 dB SPLのサイン波は，周波数が1 kHzの場合，50 phonの大きさに聞こえますが，250 Hzでは40 phon，63 Hzにいたっては10 phonの大きさにしか聞こえません。

オーディオ機器を使って音楽を再生する場合，スピーカーの音量が小さいと低い周波数の音が聞き取りにくくなるのは，じつは，こうした人間の聴覚の特徴が原因になっています。オーディオ機器のなかには，いわゆる「重低音」を強調する機能を搭載したものがありますが，これは，スピーカーの音量が小さくても，低い周波数の音がバランスよく聞こえるようにするための工夫になっています。

なお，周波数が低くなるにつれて等ラウドネス曲線の間隔は密になっていきます。すなわち，音圧レベルのわずかな変化に対して音の大きさが急激に変化するのが，周波数が低い音の特徴になっています。

このように，周波数によって変化する音の大きさを比較するうえで phon は便利な単位になっていますが，phon の値そのものは音圧レベルから借りてきた単なる数字にすぎず，どのくらい音が大きく聞こえるか比較するためのものにはなっていません。じつは，phon の値が 2 倍になっても，音の大きさは 2 倍になったようには聞こえないことがわかっています。

こうした事情を考慮し，音の大きさを比較するために考案されたのが**ソーン尺度**です。ソーン尺度の単位は「sone（ソーン）」です。図 9.3 に示すように，ソーン尺度は 40 phon の音の大きさを 1 sone と定義し，1 sone の 2 倍に聞こえる大きさを 2 sone，1 sone の 0.5 倍に聞こえる大きさを 0.5 sone と定義しています。

音圧レベル 40 dB SPL，周波数 1 kHz のサイン波を，音の強さにして 10 倍にした場合，音圧レベルは 50 dB SPL になります。このとき，音の大きさは 40 phon から 50 phon に変化しますが，ソーン尺度は 1 sone から 2 sone に変化します。これは，物理的な音の強さが 10 倍になっても，心理的な音の大きさは 2 倍にしかならないことを意味しています。

図9.3 ソーン尺度

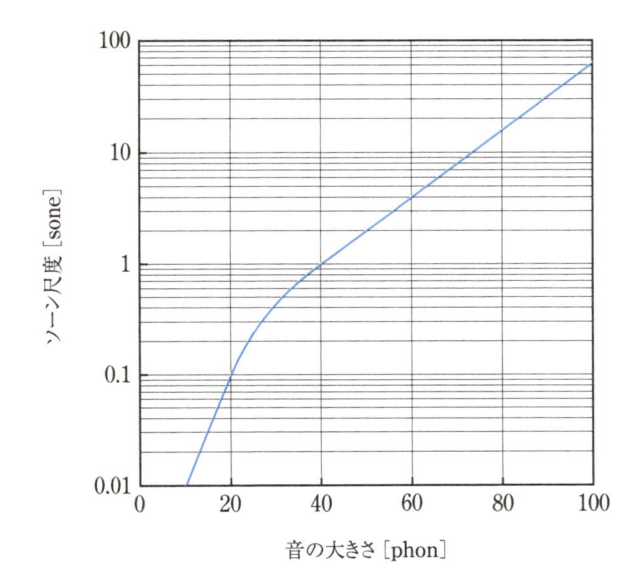

9.3 音の高さ

人間の聴覚は，物理的な音の特徴である周波数を，音の高さという心理的な音の特徴に変換して知覚しています。

音の大きさと同様，音の高さも，物理的な音の特徴と心理的な音の特徴には違いが見られます。じつは，周波数が2倍になっても，音の高さは2倍になったようには聞こえないことがわかっています。

こうした事情を考慮し，音の高さを比較するために考案されたのが**メル尺度**です。メル尺度の単位は「mel（メル）」です。図9.4に示すように，メル尺度は，音圧レベル40 dB SPL，周波数1 kHzのサイン波の音の高さを1000 melと定義し，1000 melの2倍に聞こえる高さを2000 mel，1000 melの0.5倍に聞こえる高さを500 melと定義しています。

音圧レベル40 dB SPL，周波数1 kHzのサイン波を，周波数にして2倍にした場合，周波数は1 kHzから2 kHzに変化しますが，メル尺度は1000 melから1500 melに変化します。これは，物理的な周波数が2倍になっても，心

図9.4　メル尺度

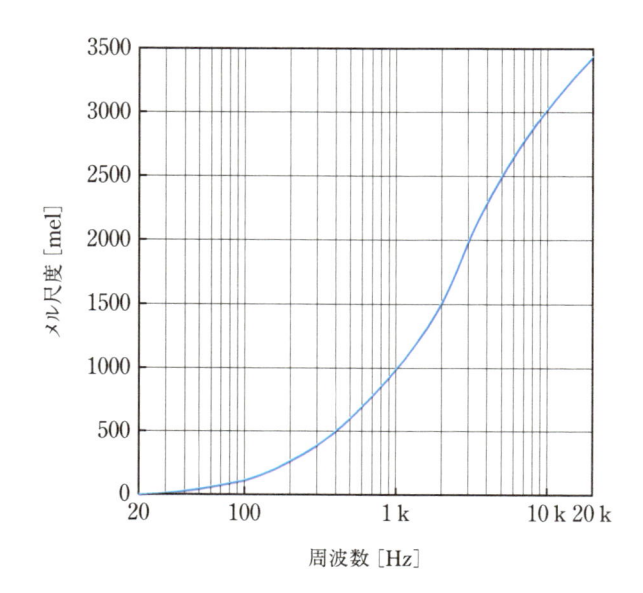

理的な音の高さは 1.5 倍にしかならないことを意味しています。

じつは，メル尺度が 2000 mel になるのは周波数が 3 kHz のときで，周波数が 1 kHz から 3 kHz に変化したときに，音の高さはようやく 2 倍になったように聞こえるのが人間の聴覚の特徴になっています。

第 7 章で説明したように，人間の聴覚は，基底膜の振動のピーク位置に周波数を対応づけることで周波数分析を行っています。図 9.4 に示したメル尺度と周波数の関係を表したグラフと，図 7.11 に示した基底膜の振動のピーク位置と周波数の関係を表したグラフを比べてみると，どちらも傾向がよく似ていることから，こうした音の高さの特徴は内耳の特徴を反映したものであると考えられています。

第 1 章で説明したように，音楽では，周波数が 2 倍になれば音階は 1 オクターブ高くなると定義しているため，音楽の常識に照らし合わせると，周波数が 2 倍になれば音の高さも 2 倍になるように思われがちです。しかし，こうしたオクターブの感覚は音楽に特有の概念であり，メル尺度によって定義される音の高さとは異なっていることに注意する必要があります。

9.4　音色

第 2 章で説明したように，音色を判断するための手がかりとして重要なポイントになっているのが周波数特性です。

エレキギターの音といえば，ほとんどの方はおそらく派手な音色をイメージするのではないかと思いますが，じつは，本来のエレキギターの音はいたっておとなしいものにすぎません。

エレキギターの音色の秘密は，**ディストーション**と呼ばれるサウンドエフェクトのしくみにあります。図 9.5 に示すように，エレキギターの音をアンプで増幅すると，ある程度までは正しく音を大きくすることができます。しかし，アンプの限界を超えてまで増幅しようとすると，音が割れ，波形が歪んでしまいます。こうした波形の歪みは新しい周波数成分を作り出しますが，これが，エレキギターならではの派手な音色を作り出すディストーションのしくみにほかなりません。

図9.5 ディストーション

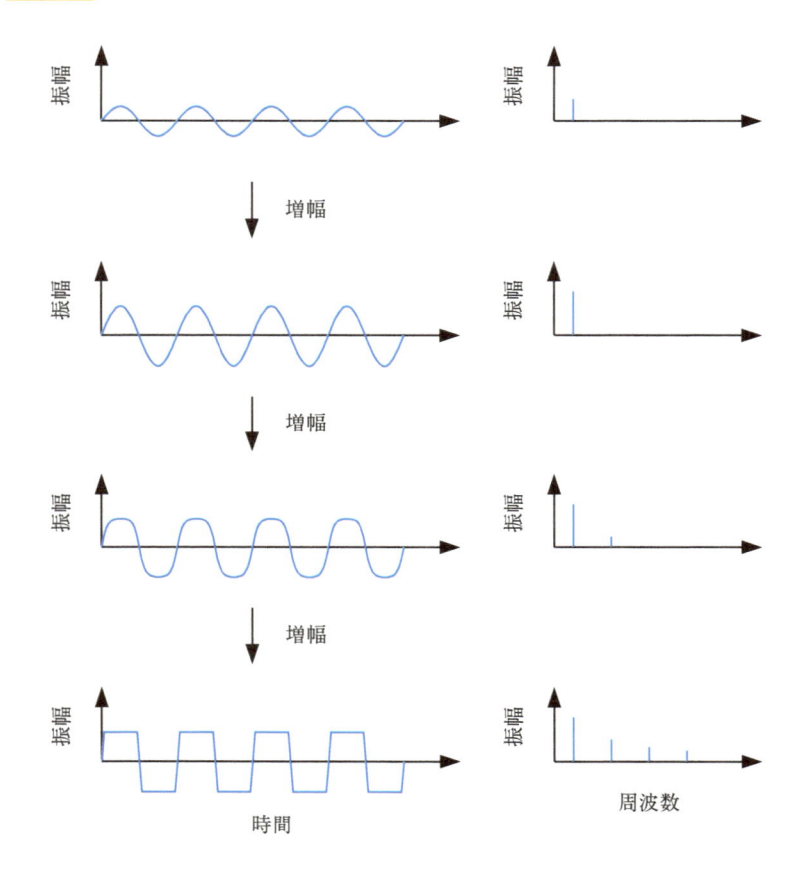

 ディストーションは非線形処理のひとつに分類することができます。**図9.6**に示すように，本来の周波数成分の配合比率が変化するだけで，新しい周波数成分が発生しないのが**線形処理**の特徴ですが，一方，新しい周波数成分が発生するのが**非線形処理**の特徴になっています。こうした周波数特性の変化によって音色は大きく変化します。
 音色を判断するための手がかりとして，もうひとつ重要なポイントになっているのが音の時間変化です。

図9.6　線形処理と非線形処理

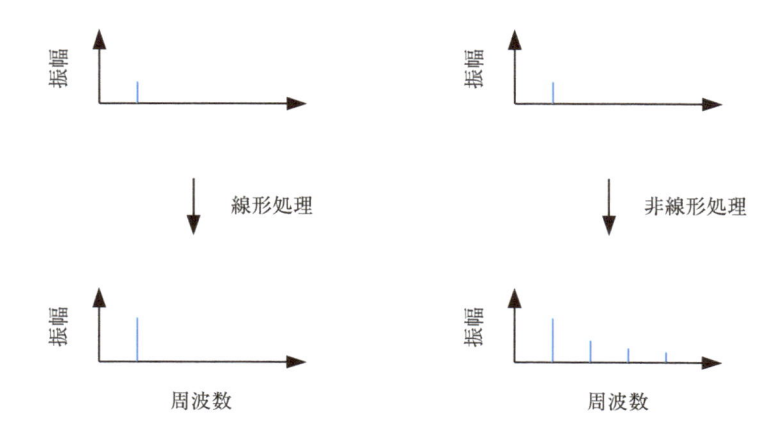

　たとえば，図9.7に示すように，楽器によって音の大きさの時間変化は異なる特徴を示します。オルガンとバイオリンの音はどちらも持続音になっていますが，オルガンと比べて，バイオリンは音がゆっくり鳴り始め，ゆっくり鳴り終わることが特徴になっています。一方，ピアノとドラムの音はどちらも減衰音になっていますが，ピアノと比べて，ドラムはすぐに音が鳴り終わることが特徴になっています。

　こうした音の時間変化のパターンを**時間エンベロープ**と呼びます。時間エンベロープは楽器音を判断するための手がかりのひとつになっており，じつは，シンセサイザーを使って人工的に楽器音を作り出すうえでも重要なポイントになっています。

　サポートサイトのサンプルは，楽器音を逆再生したものになっています。オルガンやバイオリンを逆再生しても，時間エンベロープのパターンはほとんど変化しないため，はっきりとした音色の変化はありません。一方，ピアノやドラムを逆再生すると，時間エンベロープのパターンが大きく変化するため，本来の楽器音とはまったく異なる音色に変化することがおわかりいただけるのではないかと思います。

> **図9.7** 楽器音の時間エンベロープ：(a) オルガン，(b) バイオリン，(c) ピアノ，(d) ドラム

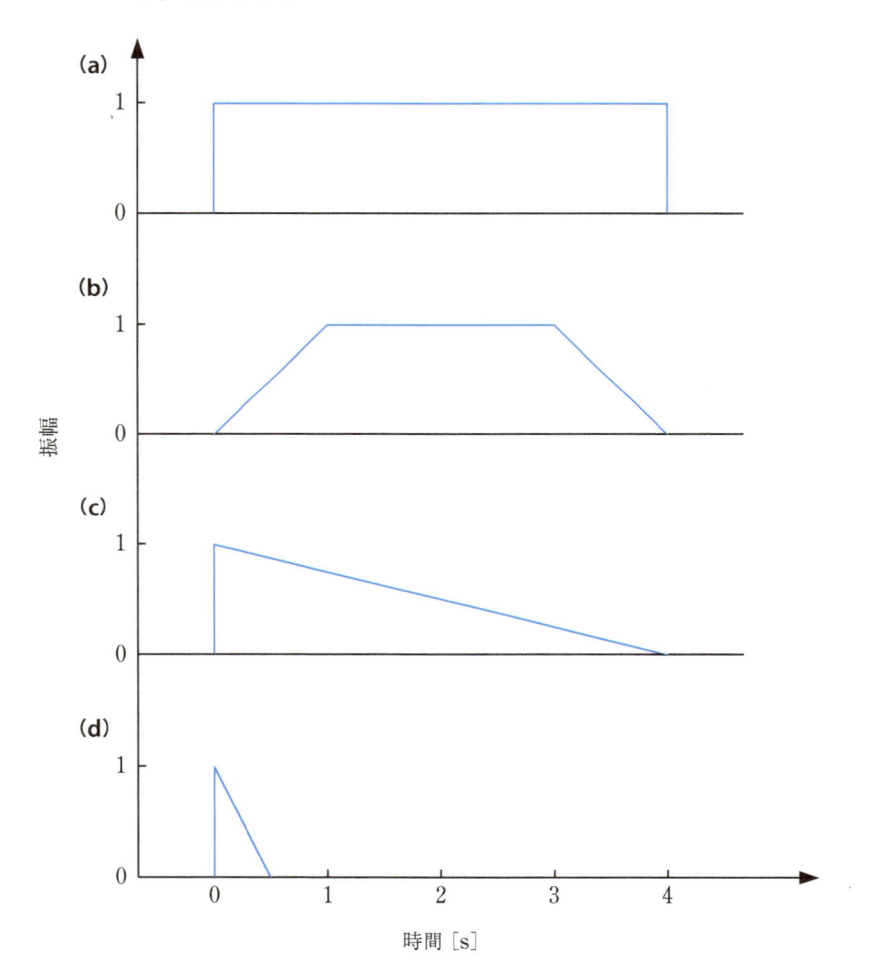

9.5　音の持続時間

　音の持続時間は音の知覚に影響をおよぼします．サポートサイトのサンプルを聞き比べてみると，サイン波の持続時間が短くなっていくにしたがってしだいに音の高さが不明瞭になっていき，まるでコンピュータのマウスの「ク

リック音」のように変化していくことがおわかりいただけるのではないかと思います。

第3章で説明したように，周波数分析の精度は窓の大きさによって決まります。じつは，図9.8に示すように，窓の大きさよりも波形が短くなると，サイン波の周波数特性といえども線スペクトルにはなりません。窓の大きさよりも波形が短くなると，波形の周期性が失われ，周波数特性は連続スペクトルになります。持続時間の短い音は，こうした周波数特性の変化が見られ，

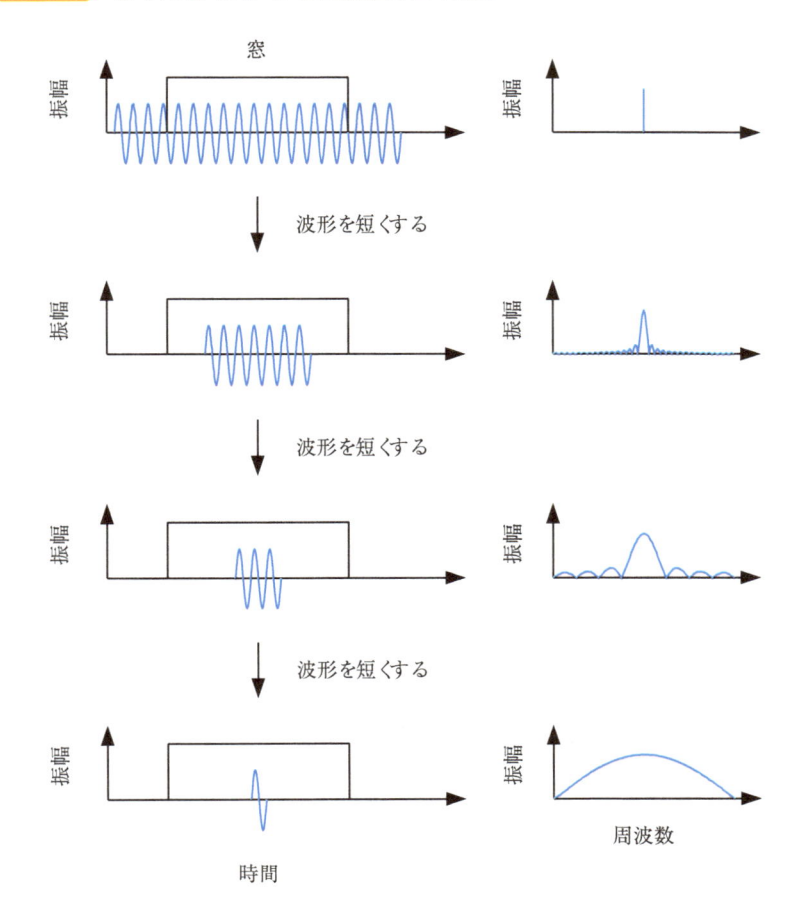

図9.8　音の持続時間による周波数特性の変化

第 9 章 ◆ 音の三要素

図9.9　音の持続時間による聴覚閾値の変化

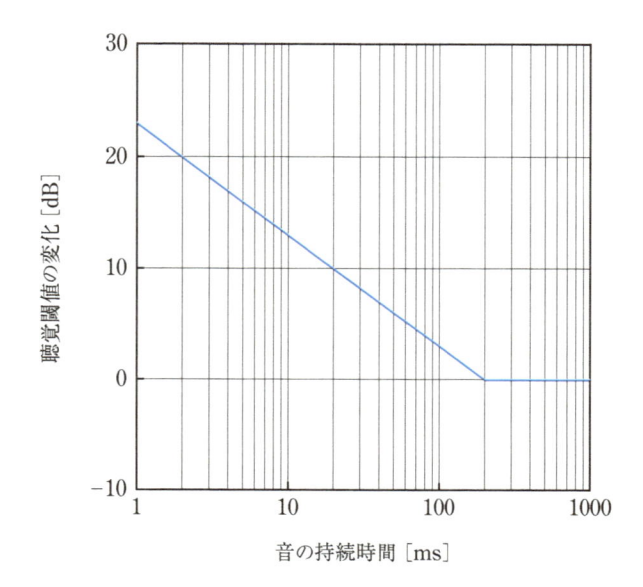

これが音の高さや音色の変化をもたらす理由になっています。

音の大きさも持続時間によって変化します。図 9.9 に示すように，持続時間が 200 ms 以上であれば音の大きさは一定に聞こえますが，それよりも短くなるとしだいに小さく聞こえるようになり，持続時間が 1/10 になるたびに聴覚閾値は 10 dB ずつ上昇するという特徴を示すことがわかっています。こうした特徴から，人間の聴覚は 200 ms 程度の持続時間を単位として音の大きさを判断しているものと考えられています。

9.6　ウェーバーの法則

じつは，人間の感覚の一般的な傾向として，最初の刺激量 s と刺激量の変化にようやく気づく閾値 Δs の間には，つぎのような関係があることが知られています。

$$c = \frac{\Delta s}{s} \tag{9.1}$$

ここで，c は定数を表しています。この式は，s がさまざまに変化しても Δs との比はつねに一定になることを意味しています。発見者の名前にちなんで，これを**ウェーバーの法則**と呼びます。また，Δs を**弁別閾**，$\Delta s/s$ を**比弁別閾**または**ウェーバー比**と呼びます。

たとえば，手のひらに少しずつおもりを加えていき，どのくらい増えたときに重さの変化に気づくか調べてみると，100 g から始めた場合はおよそ 2 g 増えたとき，200 g から始めた場合はおよそ 4 g 増えたとき，それぞれ重さの変化に気づくことがわかっています。この場合，最初のおもりが 100 g でも 200 g でも比弁別閾は 0.02 となり，比弁別閾が一定の値となることから，ウェーバーの法則が成立していることがわかります。

ウェーバーの法則は聴覚にも見出すことができます。ただし，あらゆる条件のもとで成立するのではなく，特定の条件のもとで近似的に成立する法則になっていることに注意してください。

たとえば，図 9.10 に示すように，白色雑音について調べてみると，音の強さの弁別は 30 dB SL 以上でウェーバーの法則が成立します。このとき，比

図9.10 音の強さの弁別（白色雑音の場合）

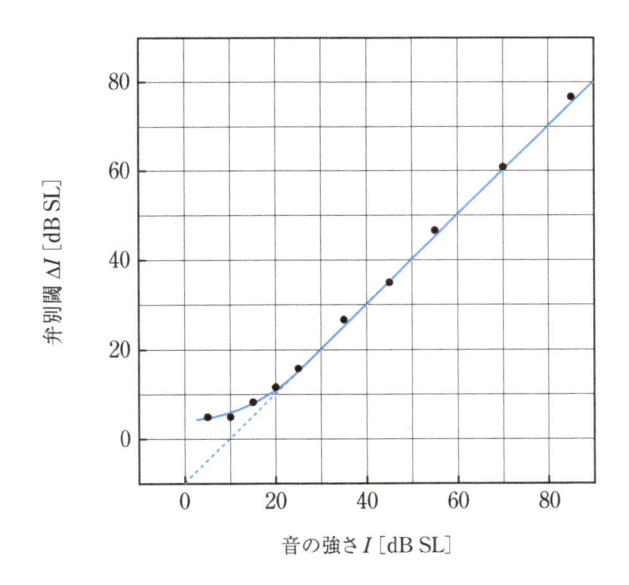

図9.11 周波数の弁別（40 dB SL のサイン波の場合）

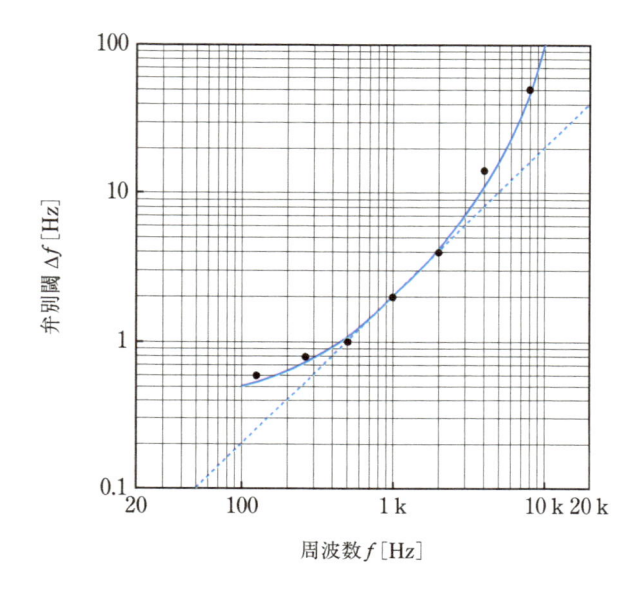

弁別閾は 0.1 となり，最初の音の強さから 0.1 倍の変化があれば音の強さの変化に気づくことができます。

また，図9.11 に示すように，40 dB SL のサイン波について調べてみると，周波数の弁別は 500 Hz から 2 kHz までの範囲でウェーバーの法則が成立します。このとき，比弁別閾は 0.002 となり，周波数 1 kHz のサイン波の場合，2 Hz の変化があれば周波数の変化に気づくことができます。

9.7　フェヒナーの法則

ウェーバーの法則を発展させると，物理的な刺激量 s と心理的な感覚量 p の間に，つぎのような関係を見出すことができます。

$$p = k \log s \tag{9.2}$$

ここで，k は定数を表しています。発見者の名前にちなんで，これを**フェヒナーの法則**と呼びます。

フェヒナーの法則は，物理的な刺激量と心理的な感覚量が対数的に対応づけられることを示唆するものになっています。すなわち，図9.12 に示すように，刺激量に対して感覚量が単純に比例するのではなく，刺激量が小さいときは感覚量の変化が大きく，刺激量が大きいときは感覚量の変化が小さくなるのが，フェヒナーの法則の特徴になっています。

このように，刺激量が小さいときは分解能を細かくし，刺激量が大きいときは分解能を粗くすると，ひとつのセンサーで大小さまざまな刺激量をカバーすることができます。フェヒナーの法則はさまざまな感覚に共通して見られる特徴になっていますが，人間の感覚が一般に対数的な反応を示すことは，人間の感覚がこうした効率のよいセンサーを採用していればこその特徴といえるでしょう。

図9.12 フェヒナーの法則

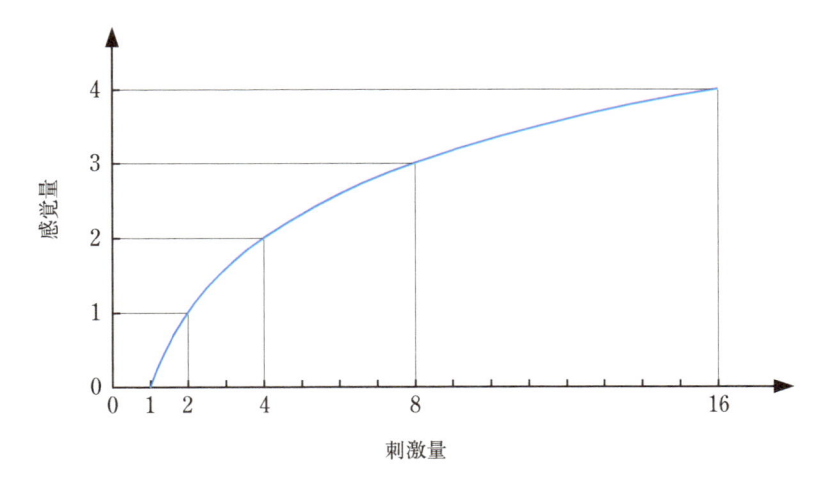

マスキング効果

　ほかの音によって目的の音がかき消され，聞こえなくなってしまうマスキング効果は，音の圧縮にも利用される人間の聴覚の重要な特徴になっています。本章では，こうしたマスキング効果の基本的な特徴について勉強してみることにしましょう。

10.1　マスキング効果

　駅の構内など，さわがしい場所で会話をする場合，雑音によって相手の声が聞き取りにくくなることは，皆さんもよくご存知のことでしょう。このように，ほかの音によって目的の音がかき消され，聞こえなくなってしまう現象を**マスキング効果**と呼びます。

　専門用語では，ほかの音をマスクする音を**マスカー**，ほかの音によってマスクされる音を**マスキー**と呼んでいます。マスカーとマスキーを聞くタイミングの違いによって，マスキング効果は，**同時マスキング効果**と**継時マスキング効果**のふたつに大きく分類できます。本章では，これらを中心として，マスキング効果の基本的な特徴について勉強してみることにしましょう。

10.2　同時マスキング効果

　マスカーとマスキーを同時に聞いたときにマスキーが聞こえなくなる現象を**同時マスキング効果**と呼びます。

　同時マスキング効果の特徴は，**帯域雑音（バンドノイズ）**を使って調べることができます。あらゆる周波数成分を含む白色雑音とは異なり，図10.1に示すように，周波数成分が特定の帯域に限られることが帯域雑音の特徴になっています。

　実際に，同時マスキング効果を体験してみましょう。サポートサイトのサンプルは，振幅が少しずつ小さくなっていくサイン波の断続音を帯域雑音と同時に鳴らしたものになっています。それぞれの条件で，サイン波をいくつ

図10.1 帯域雑音：(a) 波形，(b) 周波数特性

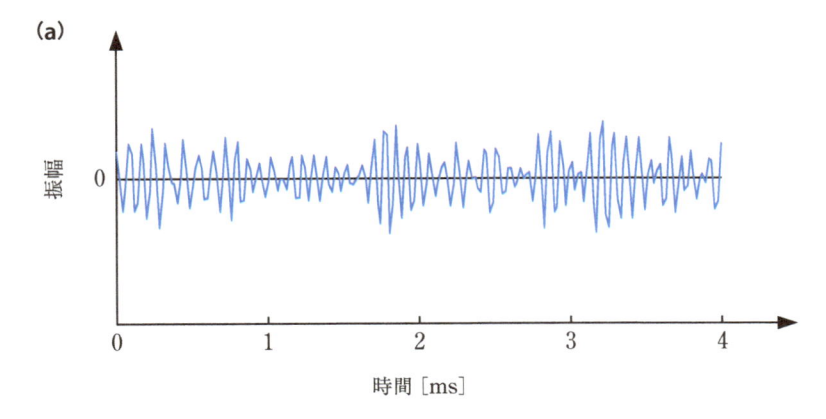

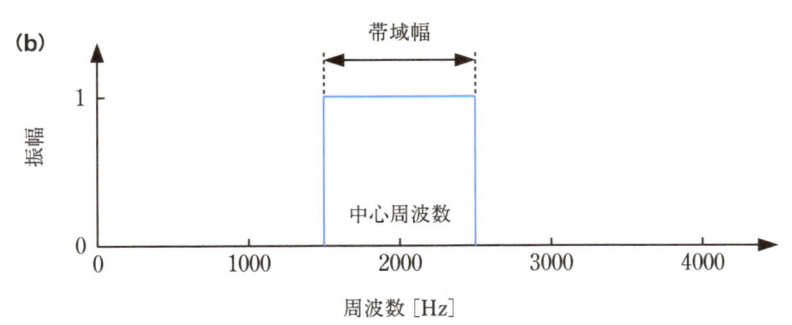

聞き取ることができるか数えてみてください。中心周波数 1 kHz の帯域雑音と同時に鳴らした場合，サイン波はすぐに聞こえなくなってしまうことがおわかりいただけるでしょうか。

じつは，同時マスキング効果は，マスカーとマスキーの周波数特性によって結果が左右されることがわかっています。図 10.2 に示すように，帯域雑音をマスカー，サイン波をマスキーとする場合，マスカーとマスキーの周波数が離れていると，同時マスキング効果の影響は小さくなり，マスキーを聞き取りやすくなります。一方，マスカーとマスキーの周波数が重なっていると，同時マスキング効果の影響は大きくなり，マスキーを聞き取りにくくなります。

> 図10.2　同時マスキング効果：(a) マスカーとマスキーの周波数が離れている場合，(b) マスカーとマスキーの周波数が重なっている場合

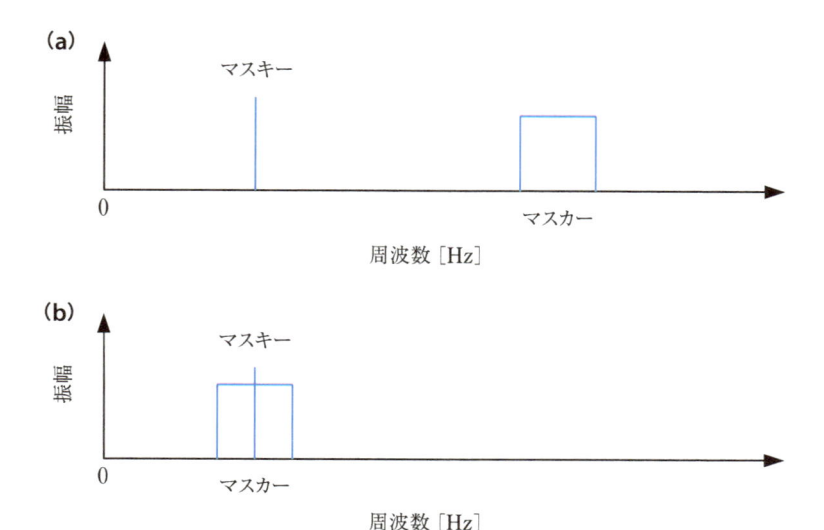

(a) 振幅／マスキー／マスカー／周波数 [Hz]

(b) 振幅／マスキー／マスカー／周波数 [Hz]

　じつは，サポートサイトのサンプルは，周波数 1 kHz のサイン波をマスキーにしています。中心周波数 1 kHz の帯域雑音をマスカーにするとサイン波がすぐに聞こえなくなってしまうのは，マスカーとマスキーの周波数が重なり，同時マスキング効果の影響が最も顕著に現れることが理由になっています。

10.3　臨界帯域

　図 10.3 に示すように，それぞれの周波数における音の強さが等しい帯域雑音によってサイン波をマスクする場合，帯域幅を広げると同時マスキング効果の影響が大きくなり，サイン波を聞き取るための聴覚閾値は上昇していくことがわかっています。しかし，一定の帯域幅に到達すると，それ以上に帯域幅を広げても同時マスキング効果の影響は大きくならず，サイン波を聞き取るための聴覚閾値も上昇しなくなります。

　このように，帯域雑音によってサイン波を効果的にマスクできるのは，サ

図10.3 臨界帯域

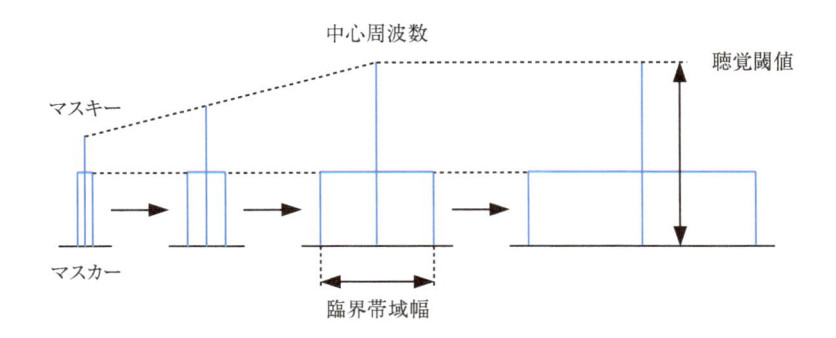

図10.4 臨界帯域幅

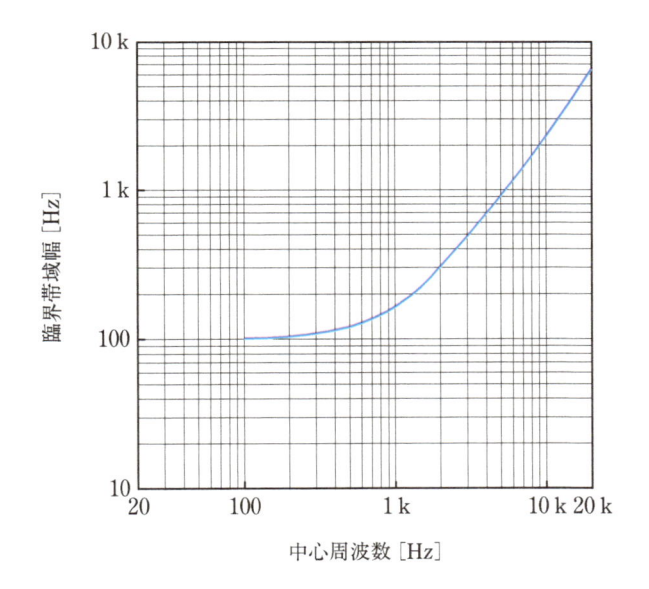

イン波の周波数を中心周波数とする一定の帯域に限られることが，同時マスキング効果の重要な特徴になっています．こうした帯域を**臨界帯域**と呼びます．また，臨界帯域の帯域幅を**臨界帯域幅**と呼びます．

図10.4 に示すように，臨界帯域幅は中心周波数によって変化します．中

心周波数が 1 kHz の場合，臨界帯域幅は 200 Hz 程度，中心周波数が 10 kHz の場合，臨界帯域幅は 2 kHz 程度になり，中心周波数が低いと臨界帯域幅は狭く，中心周波数が高いと臨界帯域幅は広くなります。

　こうした帯域雑音によってサイン波の聞き取りが左右されるという事実は，人間の聴覚が臨界帯域を単位として音を聞き取っている証拠ととらえることができます。臨界帯域は一種の帯域通過フィルタであり，人間の聴覚は，中心周波数が少しずつ変化する帯域通過フィルタを隙間なく並べて音を聞き取っていると考えられています。こうした帯域通過フィルタを**聴覚フィルタ**と呼びます。

　じつは，図 10.5(a) に示すように，聴覚フィルタの周波数特性は，通過域と阻止域をはっきりと分離するようなものではなく，裾野が広がったものになっていることがわかっています。そのため，ある周波数の音に反応する聴覚フィルタはかならずしもひとつではなく，周囲の聴覚フィルタも影響を受

図10.5 聴覚フィルタ：(a) 周波数 f_0 のサイン波に反応する聴覚フィルタ，(b) 聴覚フィルタの反応

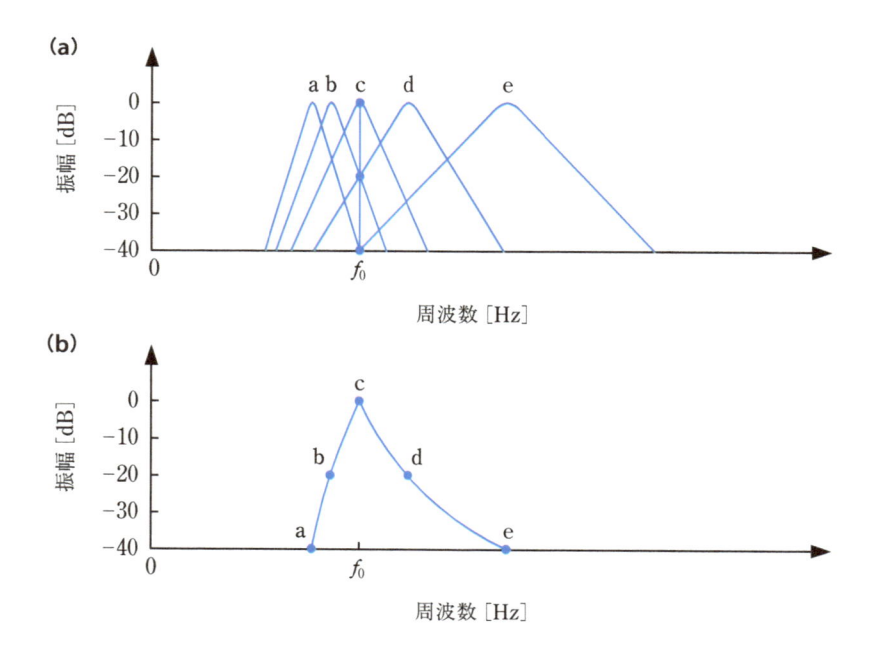

けることになります。

とくに，聴覚フィルタの帯域幅は中心周波数が高くなるにつれて広くなっていくため，中心周波数が高い聴覚フィルタほど広い範囲から影響を受けることになります。そのため，図 10.5(b) に示すように，高い周波数のほうに影響が広がりやすいのが，聴覚フィルタの反応の特徴になっています。

こうした聴覚フィルタのしくみは，同時マスキング効果にも影響をおよぼします。図 10.6 に示すように，マスカーの周波数を中心として聴覚閾値が

図10.6 同時マスキング効果：(a) マスカーが小さい場合，(b) マスカーが大きい場合

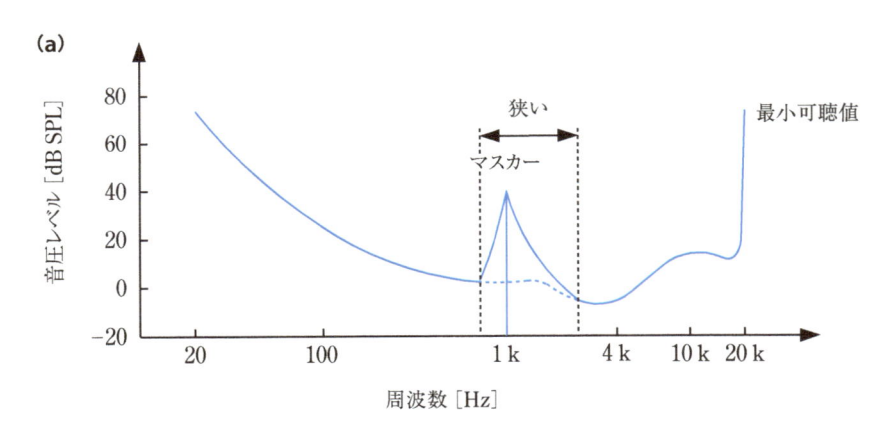

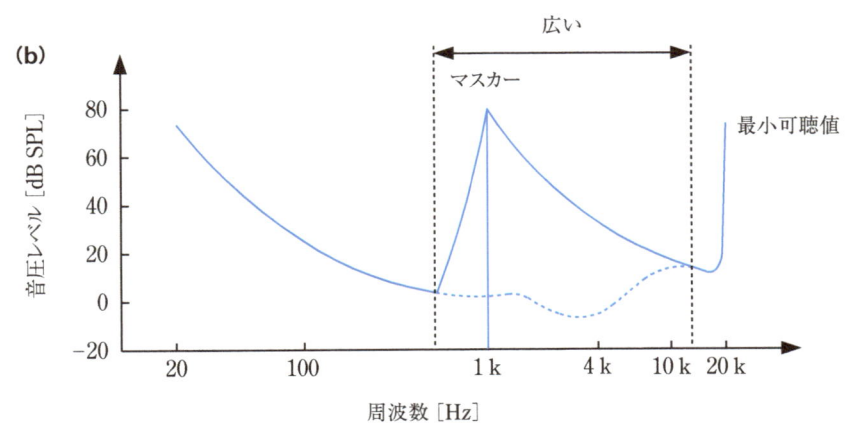

上昇するのが同時マスキング効果の基本的な特徴になっていますが，マスカーが大きくなると，影響を受ける聴覚フィルタがそれだけ増えることから，聴覚閾値は広い範囲で上昇することになります。

とくに，中心周波数が高い聴覚フィルタほど広い範囲から影響を受けることになるため，高い周波数のほうが聴覚閾値は顕著に上昇することになります。このことは，マスカーよりも周波数が低いマスキーと比べて，マスカーよりも周波数が高いマスキーのほうが，同時マスキング効果の影響を受けやすくなっていることを意味しています。

10.4 経時マスキング効果

マスカーとマスキーを順番に聞いたときにマスキーが聞こえなくなる現象を**経時マスキング効果**と呼びます。

マスカーとマスキーを聞くタイミングの違いによって，経時マスキング効果は，**順向性マスキング効果**と**逆向性マスキング効果**のふたつに分類できます。マスカーの直後に鳴らしたマスキーが聞こえなくなるのが順向性マスキング効果，マスカーの直前に鳴らしたマスキーが聞こえなくなるのが逆向性マスキング効果の特徴になっています。

図 10.7 に示すように，順向性マスキング効果はマスカーの直後 200 ms 以内，逆向性マスキング効果はマスカーの直前 50 ms 以内の範囲で生じます。

図10.7 経時マスキング効果

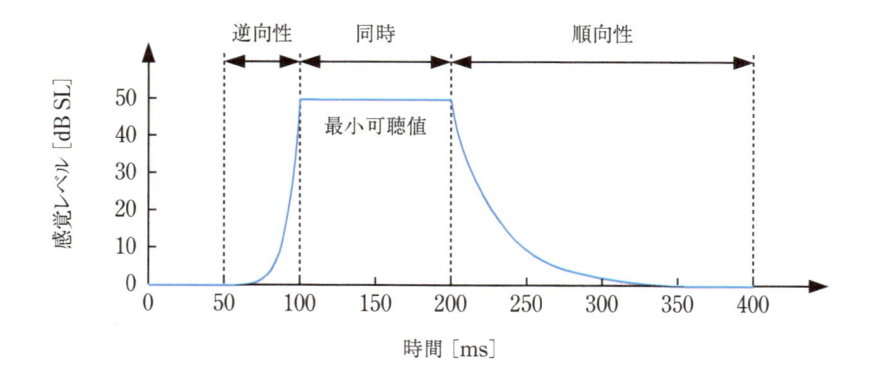

どちらも，マスカーから離れるにつれて経時マスキング効果の影響は小さくなっていきます。

じつは，音の情報を脳に伝える聴覚神経は，マスカーが鳴り終わった後もしばらくは活動を続けることがわかっています。こうした聴覚神経の性質によって，後続するマスキーに対する反応が鈍くなることが，順向性マスキング効果のしくみと考えられています。

逆向性マスキング効果は，マスカーが鳴り始める前のマスキーに対する反応が鈍くなるという，言ってみれば原因と結果の順序が逆になった不思議な現象といえるでしょう。じつは，聴覚神経には，小さい音よりも大きい音の情報を素早く脳に伝えるという性質があり，マスキーよりもマスカーが大きくなると，マスカーがマスキーを追い越すようにして脳に伝わることが，逆向性マスキング効果のしくみと考えられています。

10.5　聴力検査

第7章で説明したように，人間の聴覚は，外耳と中耳を経由して内耳に伝わる気導音と，頭蓋骨など身体の組織の振動がそのまま内耳に伝わる骨導音を，どちらも音として知覚しています。

ヘッドフォンを使って片方の耳だけに音を聞かせた場合，気導音は音を聞かせた耳の内耳にしか伝わりません。一方，ヘッドフォンの振動によってわずかながら生じる骨導音は，気導音よりも 50 dB ほど小さくなるとはいえ，反対側の耳の内耳にも伝わることがわかっています。

聴力検査を行う場合は，こうした骨導音の影響について十分に考慮する必要があります。とくに注意しなければならないのは，左右の耳の聴力に極端な差がある難聴者の聴力検査です。こうした難聴者の場合，聞こえのよくない耳に対する検査音はどうしても大きくなりがちですが，検査音をあまりにも大きくしてしまうと，反対側の聞こえのよい耳に骨導音が伝わってしまい，聴力を正しく測定できなくなってしまうおそれがあります。

こうした**交叉聴取**を防止するには，図 10.8 に示すように，聞こえのよい耳に対してマスカーとして帯域雑音を聞かせ，骨導音を聞こえなくすることが解決策になります。

図10.8 マスキング効果を利用した交叉聴取の防止

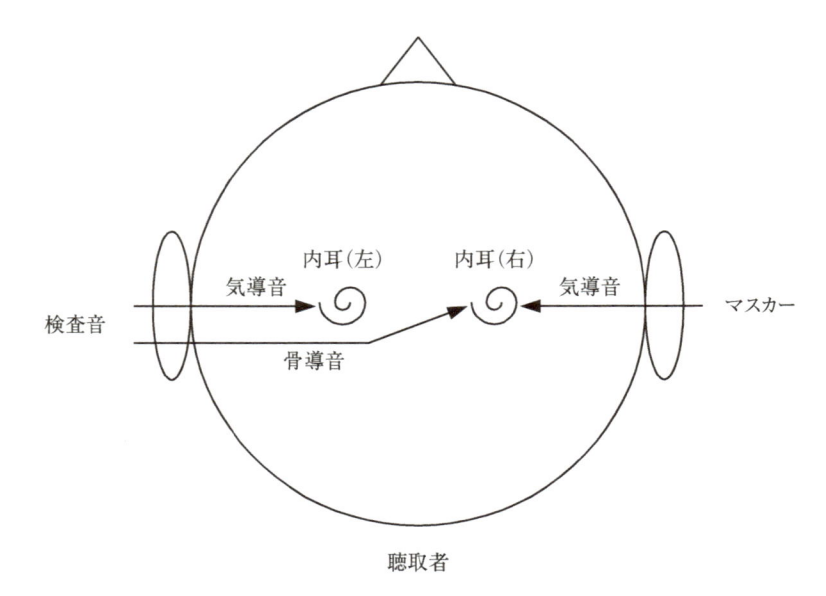

　もっとも，図10.9に示すように，マスカーとして聞かせた帯域雑音が大きくなりすぎると，それが逆に骨導音となって反対側の聞こえのよくない耳に伝わり，検査音をマスクしてしまいます。このように，マスカーとして聞かせた帯域雑音が，反対側の耳に聞かせた検査音をマスクしてしまう現象を，**オーバーマスキング**と呼びます。聴力検査を正しく行うには，オーバーマスキングが生じないように，マスカーの大きさを適切に調整する必要があります。

図10.9 オーバーマスキング

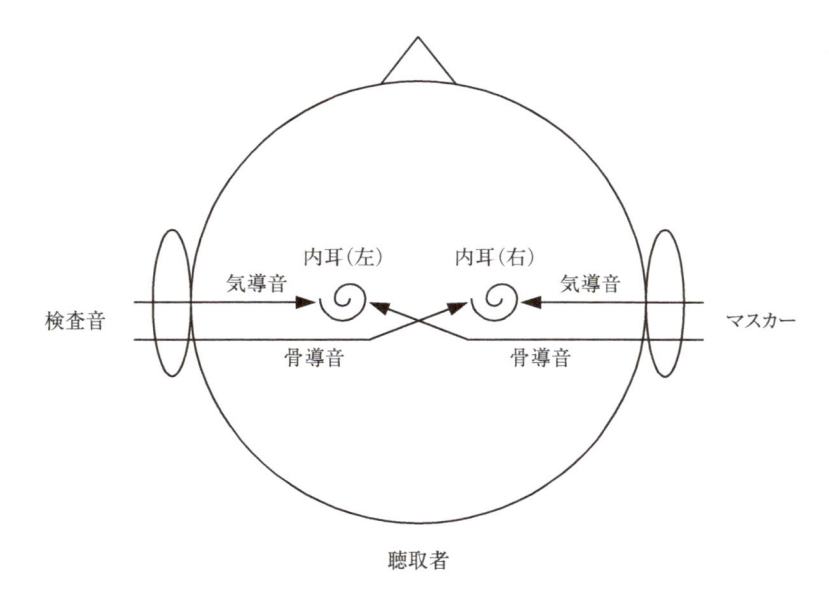

＜聴取者の頭部図：検査音→気導音→内耳(左)、マスカー→気導音→内耳(右)、骨導音が交差＞

聴取者

10.6　MP3

　皆さんもよくご存知の通り，携帯型の音楽プレーヤーを使って，いつでもどこでも音楽を楽しむことは，もはやあたり前の光景になってしまったといえるでしょう。こうした音楽プレーヤーは，できる限りたくさんの曲を再生できるようにするため，音をコンパクトに記録する音データの圧縮技術を採用しているものがほとんどです。

　じつは，マスキング効果は，こうした音の**圧縮**にも利用されています。**図10.10**に示すように，最小可聴値よりも小さい音はもちろん，マスキング効果によって聞こえなくなる音を削り取り，実際に聞こえる音だけを記録すると，音の記録に必要なデータ量を削減することができます。言ってみれば，人間の聴覚の盲点を巧みに利用しているのが，マスキング効果を利用した音の圧縮のアイデアになっています。

　その代表例ともいえるのが**MP3**（エム・ピー・スリー）です。MP3は，音データの圧縮技術として最も一般的なもののひとつであり，標準規格とし

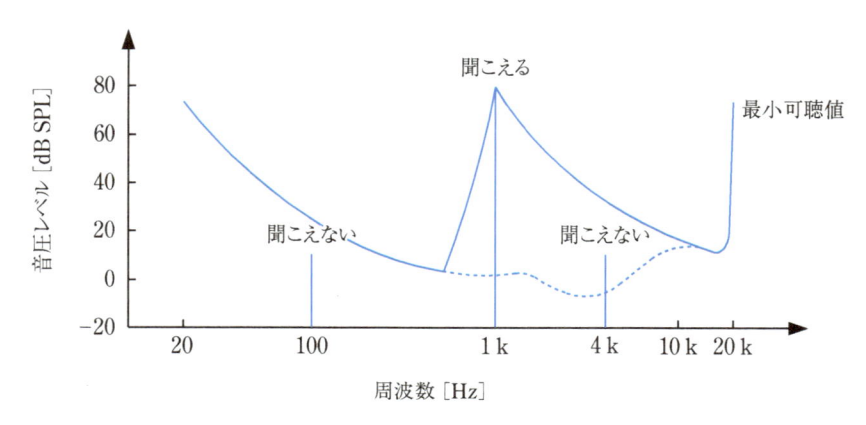

図10.10 マスキング効果を利用した音の圧縮

てほとんどの音楽プレーヤーに採用されています。

音データの圧縮技術の性能は，1秒間あたりのデータ量として定義される**ビットレート**によって比較することができます。ビットレートの単位は「bps（ビー・ピー・エス）」です。第8章で説明したように，音楽CDのビットレートは1411200 bps，すなわち1411.2 kbpsになっていますが，MP3のビットレートは標準で128 kbpsになっており，MP3は音楽CDのデータ量を1/10程度に圧縮することができるようになっています。

もちろん，ビットレートを大きくすると，MP3の品質はそれだけ音楽CDに近づくことになります。もっとも，実際にサポートサイトのサンプルを聞いてみるとおわかりのように，ビットレートが128 kbpsもあればMP3と音楽CDの品質の違いはほとんど気になりませんが，あまりにもビットレートを小さくすると品質の劣化が目立ってくるため，注意が必要です。

10.7　Audacity

MP3によって音を圧縮するツールにはさまざまなものがありますが，Audacityもそのひとつとして利用することができます。

Audacityの場合は，「ファイル」メニューから「書き出し」を選択し，「ファイルの書き出し」ウィンドウで，「ファイルの種類」として「MP3ファイル」

を選択すると，音データを MP3 形式で保存することができます。

なお，「ファイルの書き出し」ウィンドウで「オプション」ボタンをクリックすると，図 10.11 に示すように，「MP3 オプションを指定」ウィンドウが現れます。このウィンドウで「品質」を変更すると，8 kbps から 320 kbps まで，MP3 のビットレートをさまざまに設定することができます。

図10.11　Audacity における MP3 形式による音データの保存

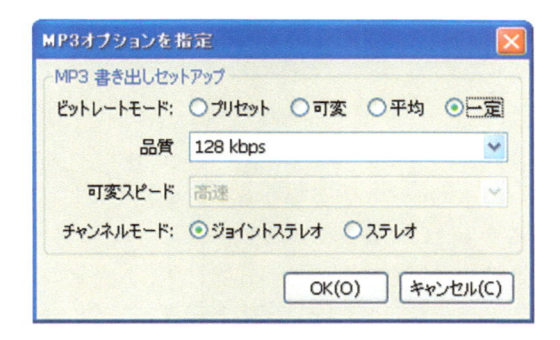

第11章
両耳聴効果

　左右ふたつの耳で音を聞くことは，ひとつの耳だけで音を聞くのとは異なる効果をもたらします。本章では，こうした両耳聴効果の基本的な特徴について勉強してみることにしましょう。

11.1　両耳加算

　人間には左右ふたつの耳がありますが，じつは，両方の耳で音を聞くことは，片方の耳だけで音を聞くのとは異なる効果をもたらします。こうした人間の聴覚のしくみを**両耳聴効果**と呼びます。

　その一例といえるのが，音の大きさの知覚です。片方の耳だけ耳栓をすると音は小さく聞こえますが，耳栓をはずすと音は大きく聞こえます。このように，両方の耳で聞くと，片方の耳だけで聞くよりも音が大きく聞こえることを**両耳加算**と呼びます。

11.2　音源定位

　人間の聴覚には，どこで音が鳴っているのか，音源の位置を割り出す能力が備わっています。こうした**音源定位**のしくみも，両耳聴効果の一例といえるでしょう。

　図 11.1 に示すように，音源の相対的な位置が左右どちらかにずれていると，それぞれの耳に到達する音に時間差が生じます。また，頭が音を遮蔽することで影ができると，それぞれの耳に到達する音に強度差が生じます。人間の聴覚は，こうした時間差と強度差を手がかりにして音源定位を行っていると考えられています。

　もっとも，これらの手がかりは，かならずしもいつも利用できるとは限りません。第4章で説明したように，周波数が低いと音は回折しやすくなります。そのため，図 11.2 に示すように，周波数が低い音は頭の背後に回り込

図11.1 音源定位の手がかり

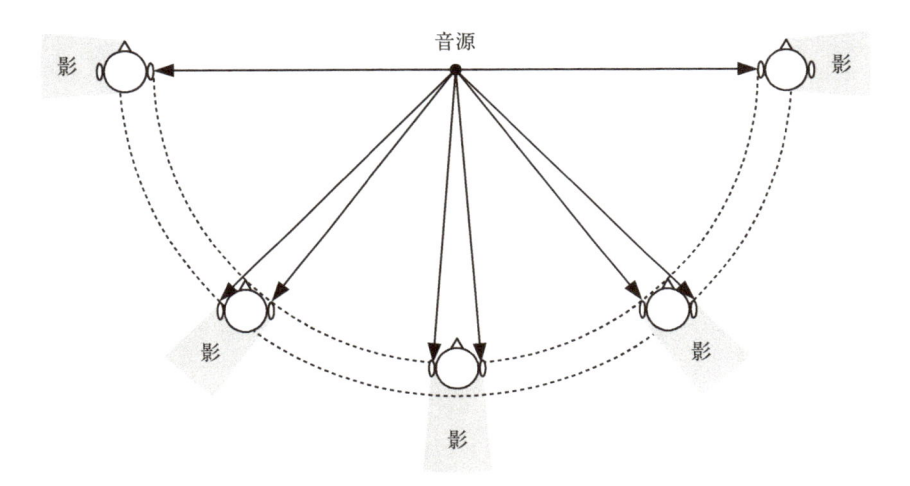

みやすく、周波数が高い音と比べて、それぞれの耳に到達する音の強度差がはっきりしなくなります。このように、強度差による音源定位が難しいのが、周波数が低い音の特徴になっています。

図11.2　強度差による音源定位：(a) 周波数が高い場合，(b) 周波数が低い場合

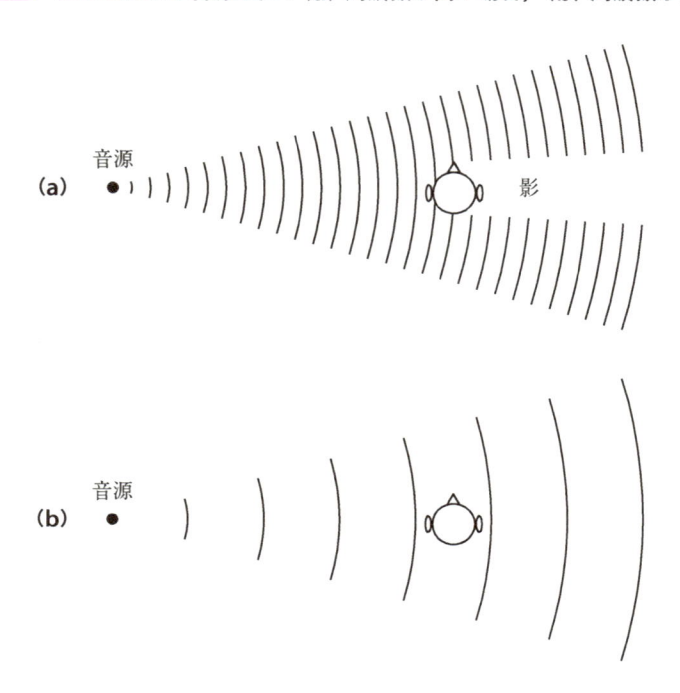

11.3　モノラル再生とステレオ再生

　図 11.3(a) に示すように，1 個のスピーカーを使って 1 チャンネルの音を再生することを**モノラル再生**と呼びます。一方，図 11.3(b) に示すように，2 個のスピーカーを使って 2 チャンネルの音を再生することを**ステレオ再生**と呼びます。

　一般的なオーディオ機器はステレオ再生を採用しています。もちろん，音源の数が 1 個から 2 個に増えると，再生できる音の数が 2 倍に増えるわけですが，モノラル再生のかわりにステレオ再生を採用するメリットは，じつはそれだけではありません。スピーカーを置いてある場所だけでなく，スピーカーを置いていない場所からも音が聞こえてくるように知覚させることができるのが，モノラル再生とは異なるステレオ再生ならではの特徴になっています。

図11.3 スピーカーによる音の再生：（a）モノラル再生，（b）ステレオ再生

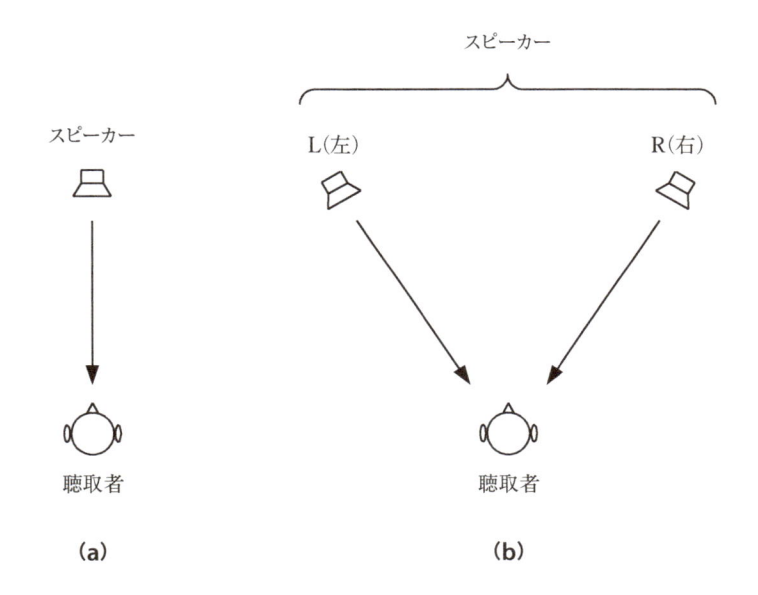

　たとえば，**図11.4**に示すように，2個のスピーカーからまったく同じ音を再生すると，これらのスピーカーのちょうど中央から音が聞こえてくるように知覚させることができます。もちろん，これは本物の音源ではなく，あくまでも音源のイメージにすぎません。そのため，本物の音源と区別するため，こうした音源のイメージを**音像**と呼びます。また，音像を知覚することを**音像定位**と呼びます。

　音源は物理的な存在ですが，音像は心理的な存在にほかなりません。音像定位は，人間の聴覚における一種のイリュージョンといえるでしょう。ステレオ再生によって音の空間的な広がりを演出するのが，皆さんもよくご存知の音楽CDの特徴になっていますが，音楽CDを聞くたびに，こうしたイリュージョンを体験していると言ったら，皆さんは驚かれるでしょうか。

図11.4　ステレオ再生の音像

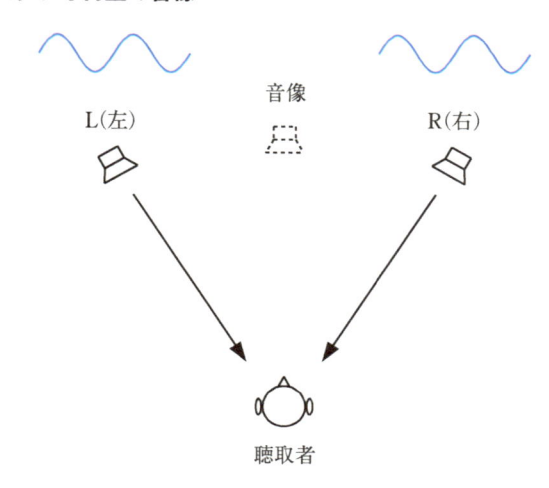

11.4　ハース効果

図 11.5 に示すように，左右ふたつのスピーカーの位置が異なると，それぞれのスピーカーから聞こえてくる音に時間差が生じます。

このような場合，人間の聴覚は，音が早く聞こえるほうに音像を知覚することになりますが，こうした時間差を考慮し，それぞれのスピーカーから再生される音をコントロールすることが，ステレオ再生における音像定位のひとつのしくみになっています。これを**ハース効果**と呼びます。

サポートサイトのサンプルはハース効果の例になっています。ヘッドフォンを使って聞いてみると，音像が左右に定位することがおわかりいただけるはずです。

図11.5 ハース効果：(a) 音像を左に知覚する場合，(b) 音像を右に知覚する場合

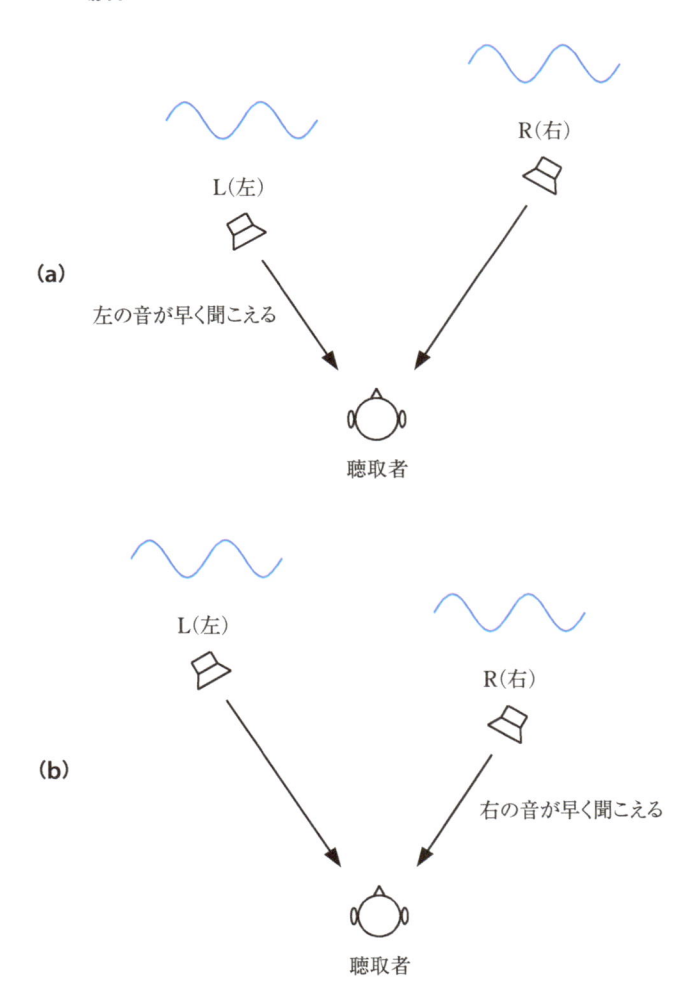

11.5 インテンシティ効果

図 11.6 に示すように，左右ふたつのスピーカーの音量が異なると，それぞれのスピーカーから聞こえてくる音に強度差が生じます。

図11.6 インテンシティ効果：(a) 音像を左に知覚する場合，(b) 音像を右に知覚する場合

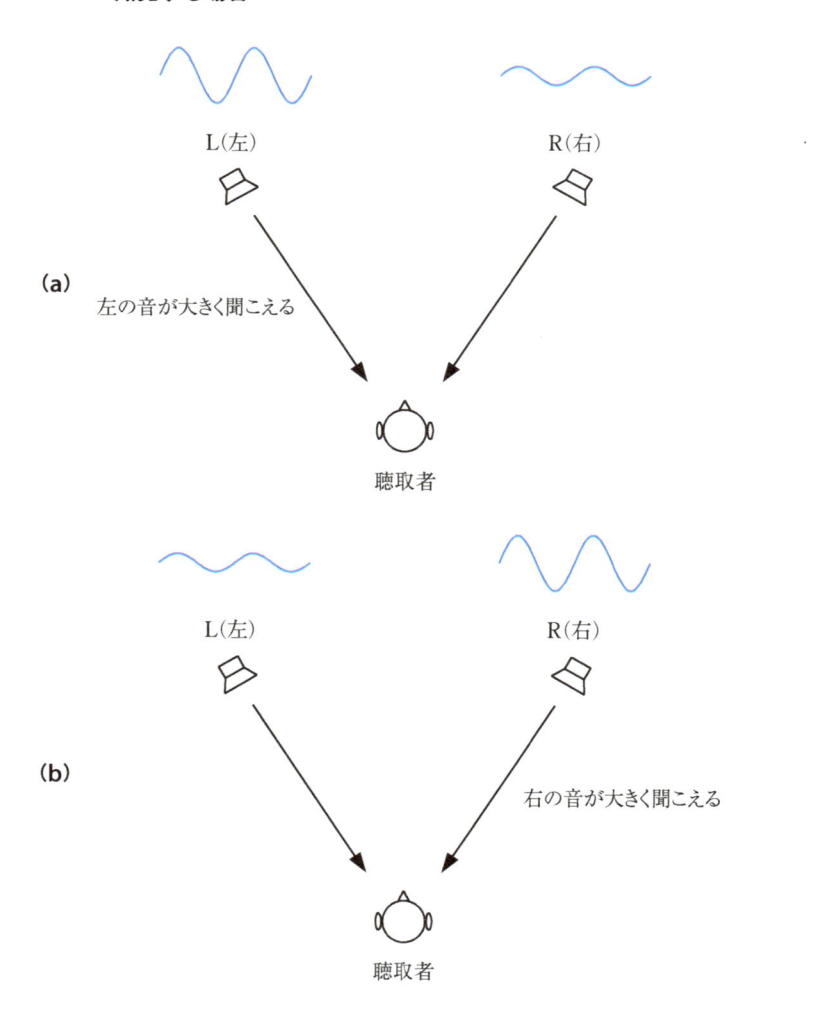

このような場合，人間の聴覚は，音が大きく聞こえるほうに音像を知覚することになりますが，こうした強度差を考慮し，それぞれのスピーカーから再生される音をコントロールすることが，ステレオ再生における音像定位のひとつのしくみになっています。これを**インテンシティ効果**と呼びます。

サポートサイトのサンプルはインテンシティ効果の例になっています。ヘッドフォンを使って聞いてみると，音像が左右に定位することがおわかりいただけるはずです。

11.6　ボーカルキャンセラ

図 11.7 に示すように，ライブ演奏さながらの音の空間的な広がりを演出するため，ステージの中央にボーカルの歌声，そのまわりにギターやキーボー

図11.7　**音楽 CD における音像定位**

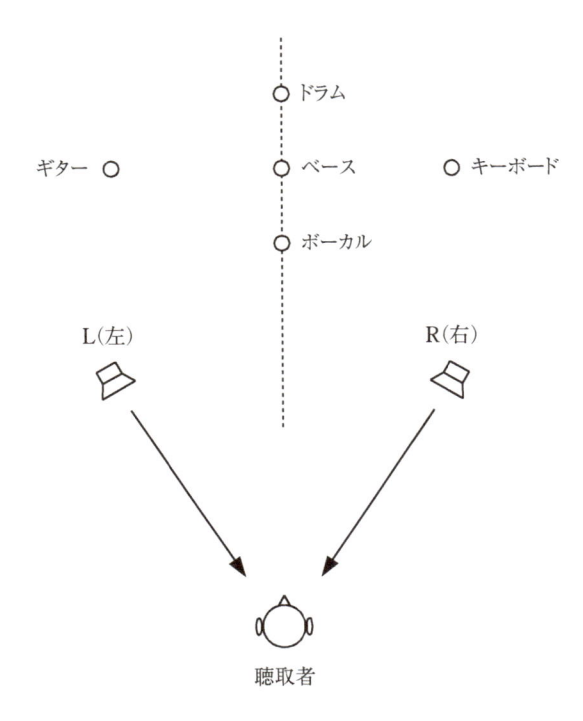

ドなどの伴奏を配置することが，音楽 CD における音像定位の定番のテクニックとなっています。

ボーカルの歌声のように音像が中央に定位するものは，左右ふたつのスピーカーから再生される音がまったく同じものになっていますが，じつは，こうしたしくみを逆手にとり，ボーカルの歌声を消去するのが，**ボーカルキャンセラ**と呼ばれるサウンドエフェクトのしくみにほかなりません。

ステレオ再生のため，音楽 CD は 2 チャンネルの音データを記録したものになっていますが，図 11.8 に示すように，音データの引き算を行うと，左右で音の大きさが異なる伴奏の音データは残り，左右で音の大きさが同じボーカルの歌声の音データは消去されます。こうしたボーカルキャンセラのしくみは，音楽 CD から簡易的にカラオケの伴奏を作り出すテクニックとして利用されています。

図11.8　ボーカルキャンセラ

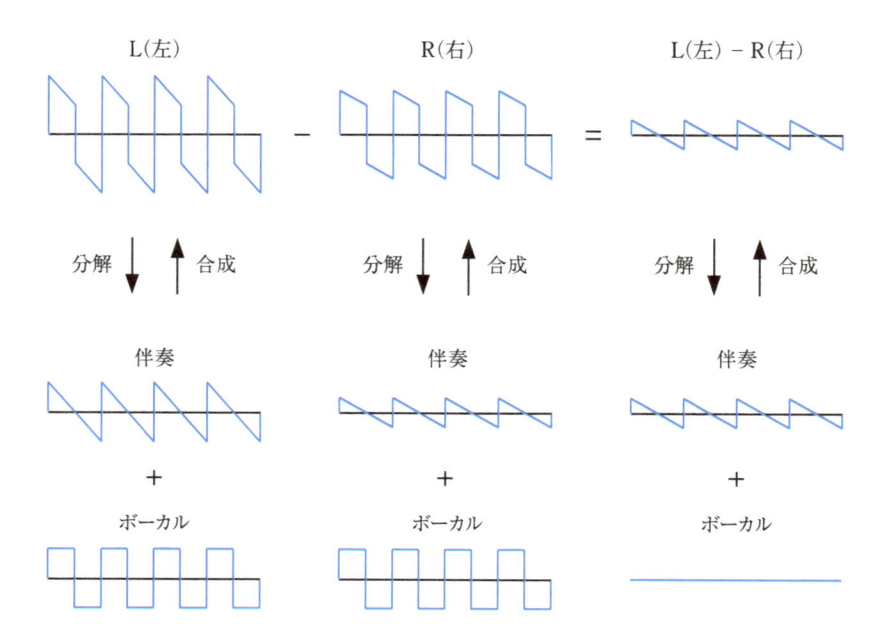

11.7　両耳マスキングレベル差

音像定位はマスキング効果にも影響をおよぼします。図 11.9(a) に示すように，マスカーとマスキーを片方の耳に聞かせる場合，マスカーがマスキーの聴覚閾値を超えると，マスキーを聞き取ることができなくなります。一方，図 11.9(b) に示すように，さらにもう片方の耳にもマスカーを聞かせると，マスカーの音像が中央に移動し，マスカーとマスキーの音像が空間的に分離されるため，マスキーを聞き取るための聴覚閾値が小さくなり，マスキーを聞き取りやすくなります。こうした両耳聴効果によるマスキング効果の変化を**両耳マスキングレベル差**（**MLD**：Masking Level Difference）と呼びます。

> **図11.9**　両耳マスキングレベル差：(a) マスキーが聞こえない場合，(b) マスキーが聞こえる場合

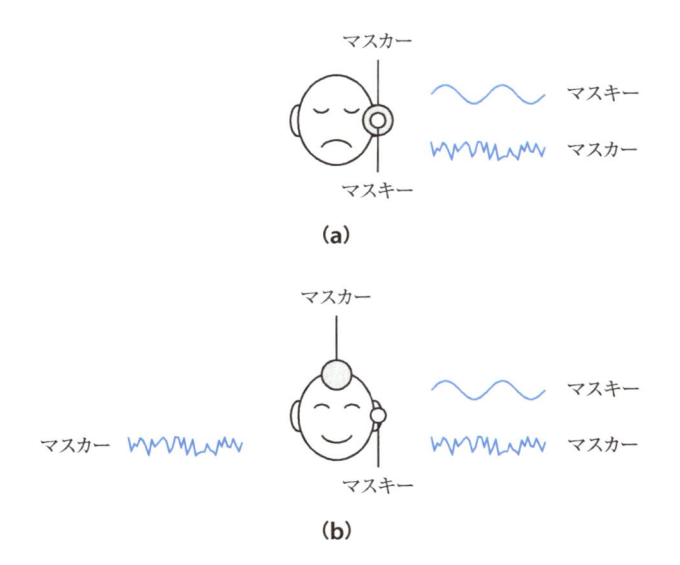

11.8　サラウンド再生

ステレオ再生よりも，さらに多くのスピーカーを使って音を再生するのが**サラウンド再生**のしくみになっています。

たとえば，図 11.10 に示すように，映画館でおなじみの **5.1 チャンネルサラウンド方式**は，前方に 3 個，後方に 2 個のスピーカーを配置し，さらに**サブウーファー**と呼ばれるスピーカーを組み合わせたサラウンド再生の規格になっています。スピーカーは全部で 6 個ありますが，低い周波数の音だけを鳴らすサブウーファーを 1 個ではなく 0.1 個と数えることが，5.1 チャンネルサラウンド方式の名前の由来になっています。なお，それぞれのスピーカーの配置は規格によって決められていますが，周波数が低くなると音像定位がはっきりしなくなるため，サブウーファーの配置に厳密な決まりはありません。

ステレオ再生とは異なり，スピーカーを後方にも配置しているため，サラウンド再生は左右だけでなく前後を含めた音像定位にとって効果があります。前後左右から再生される音を聞いていると，まるで音に包み込まれたような臨場感を体験することができます。

5.1 チャンネルサラウンド方式は，**DVD**（Digital Versatile Disc）にも採用されています。そのため，ホームシアターの機材を用意すれば，映画館と同様，家庭でもサラウンド再生のコンテンツを楽しむことができます。

図11.10 5.1 チャンネルサラウンド方式

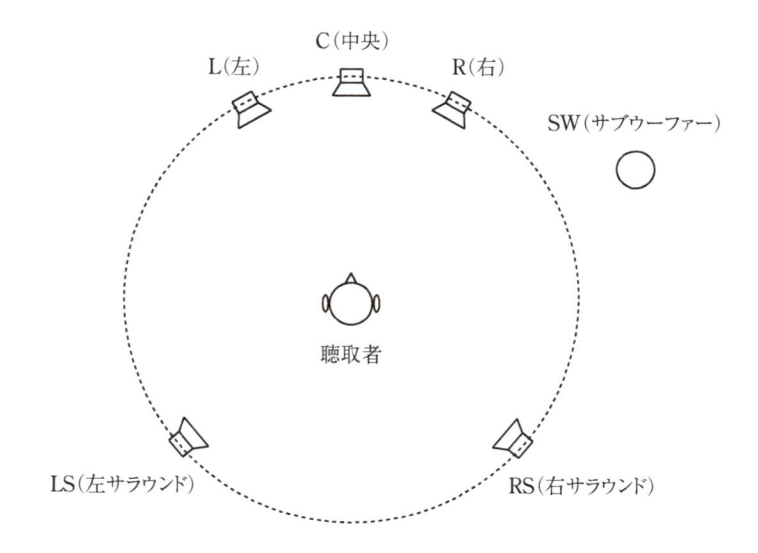

11.9　カクテルパーティー効果

　さわがしいパーティー会場で，カクテルグラスを片手に雑談をしている状況を思い浮かべてください．こうした状況で，特定の会話に注意を向け選択的に音を聞き取る人間の聴覚の能力を，その名もずばり**カクテルパーティー効果**と呼びます．

　その昔，聖徳太子は 10 人の話を同時に聞き分けたそうですが，この伝説が本当であれば，聖徳太子はカクテルパーティー効果の名手だったといえるでしょう．もっとも，聖徳太子の能力は，すべての会話に注意を向けることができるという特異的な能力であり，正確には，むしろカクテルパーティー効果の逆の能力と言うべきかもしれません．

　カクテルパーティー効果のように，複数の音が同時に鳴っている状況で目的の音を聞き取ることを**音源分離**と呼びます．音が鳴っている場所がわかれば，そこに注意を向ければよいわけですから，音源定位によって音源分離の能力は格段に向上します．また，目的の音とほかの音がそれぞれ異なる方向から聞こえてくる場合は両耳マスキングレベル差が大きくなることも，音源分離にとって有利にはたらくと考えられています．

第12章 音の知覚

人間の聴覚が音を知覚する能力は，機械とは異なる特異的なものになっており，そこに脳の情報処理の奥深さを垣間見ることができます。本章では，こうした人間の聴覚の特徴について勉強してみることにしましょう。

12.1　近似カナ表記

皆さんは，英語の「What time is it now?」というフレーズが，日本語では「掘った芋いじったな」に聞こえるという駄洒落をご存知でしょうか。

これは，一説によると，明治時代，英語を覚えるための方法として，ジョン万次郎が広めたものとも言われていますが，発音のお手本として考えてみると，いかにも日本人の英語らしい「ホワットタイムイズイットナウ」という発音よりも本来の英語の発音に近く，日本語でありながら英語として通じるという優れものになっています。実用性から考えると，駄洒落というよりも，むしろ立派な英語の教材と言うべきかもしれません。

じつは，外国語の発音を矯正するための方法として，最近，こうした**近似カナ表記**の有効性があらためて見直されつつあります。たとえば，「McDonald」という英単語を，日本人は「マクドナルド」と発音しがちですが，本来の発音は「メクダーナウ」に近くなっています。このように，近似カナ表記は発音のお手本としてわかりやすいため，辞書などに採用されるケースも目にするようになってきています。

12.2　空耳

「掘った芋いじったな」のように，本来は外国語のフレーズを日本語として聞いてしまうことは，一種の**空耳**といえるかもしれません。「タモリ倶楽部」というテレビ番組に，外国語にもかかわらず日本語のように聞こえる歌声を紹介する「空耳アワー」というコーナーがあることをご存知の方も多いので

はないかと思いますが，ひとたび日本語として聞こえてしまうと，もはや外国語には聞こえなくなってしまうのが，こうした空耳の面白さになっています。

　脳の情報処理には，ふたつのアプローチがあると考えられています。ひとつは，実際の情報から分析的に意味を理解しようとする**ボトムアップ処理**，もうひとつは，あらかじめ仮定された情報から総合的に意味を理解しようとする**トップダウン処理**です。

　空耳アワーのように，日本語の字幕をながめながら外国語の歌声を聞くと，音そのものにはかなりの違いがあっても，まるで日本語のように聞こえてしまいます。このように，あらかじめ与えられたヒントによって知覚が左右される**プライミング効果**は，トップダウン処理ならではの特徴になっています。

12.3　カテゴリー知覚

　空耳のように，外国語が日本語のように聞こえてしまうのは，そもそも日本語を母語とする私たちの耳が，知らず知らずのうちに日本語のルールにしたがって音声を聞き取ってしまうことに由来しています。

　音声の解釈は言語によって異なります。ある言語では区別されている音の違いが，ほかの言語では区別されないことも少なくありません。たとえば，図12.1に示すように，いわゆる英語のLとRの音は，英語では意味の違いをもたらす音として区別されていますが，日本語では区別されず，どちらもラ行の子音というひとつのカテゴリーにまとめて知覚されています。

　こうした**カテゴリー知覚**は言語によって異なります。新生児の脳は，いわゆる白紙の状態になっており，あらゆる言語の音を聞き分けることができる

図12.1　カテゴリー知覚

英語　　light　　right

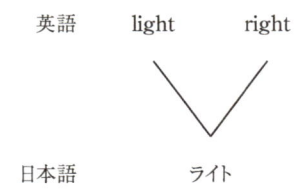

日本語　　ライト

第 12 章 ◆ 音の知覚

ようになっていますが，成長とともに聞き分けることができる音がしだいに母語に限定されていくことがわかっています。

12.4 バーチャルピッチ

第 7 章で説明したように，人間の聴覚は，基底膜の振動を手がかりにして音の周波数分析を行っていると考えられています。

図 12.2 に示すように，周期的複合音は基本音と倍音から構成されており，これらの周波数成分は基底膜のそれぞれの場所に振動を引き起こします。人間の聴覚は，こうした振動のなかから基本音の振動を検出し，基本音が振動

図12.2 基本音を含む周期的複合音：(a) 波形，(b) 周波数特性

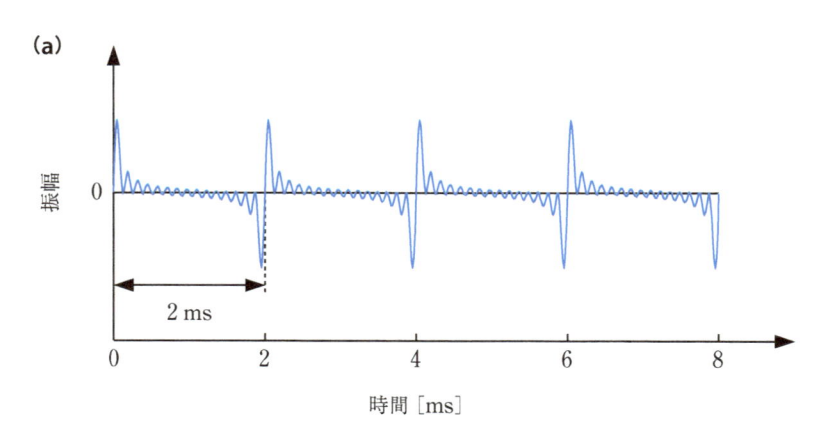

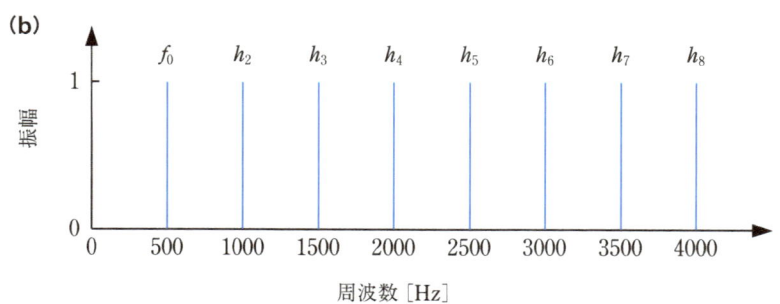

する場所の情報から音の高さを知覚していると考えられています。これを**場所説**と呼びます。

　もっとも，基底膜の振動から音の周波数分析を行っているという事実に合致しているとはいえ，じつは，人間の聴覚が音の高さを知覚するしくみは，かならずしも場所説によって十分に説明できるわけではないこともわかっています。

　場所説は，音の高さの知覚を基本音の振動に結びつけて説明しています。そのため，場所説にしたがうとすれば，図 12.3 に示すように，基本音を取り除いた周期的複合音は，基本音の振動が検出できなくなってしまうため，音の高さが知覚できなくなってしまうはずです。しかし，サポートサイトの

図12.3　**基本音を含まない周期的複合音：(a) 波形，(b) 周波数特性**

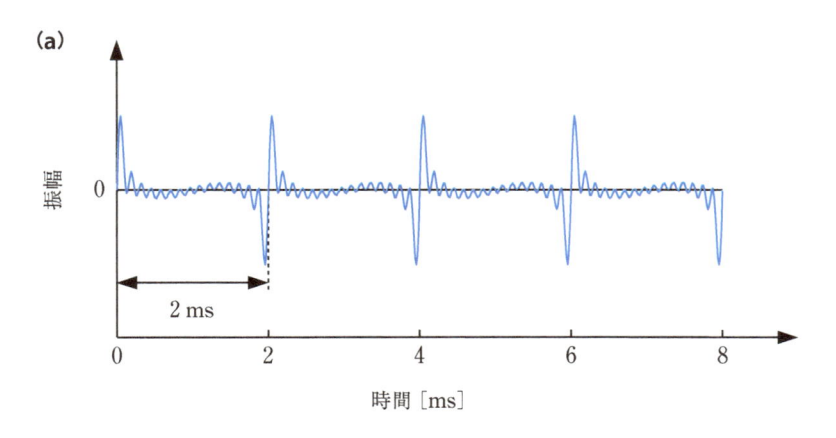

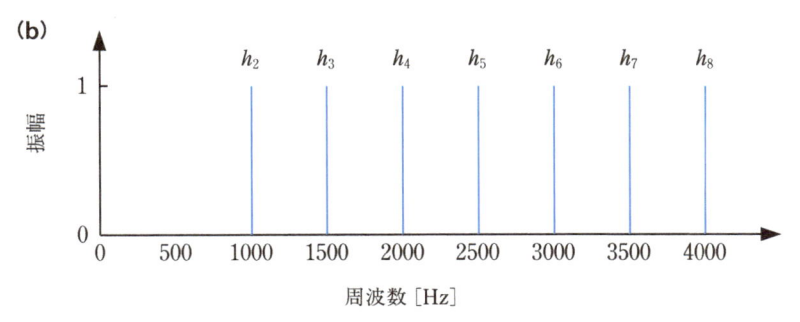

サンプルを聞いてみるとおわかりのように，こうした加工によって音色は変化するものの，音の高さは変化しません。

このように，基本音がなくても，まるで基本音があるかのように知覚される音の高さを**バーチャルピッチ**と呼びます。

バーチャルピッチの知覚は特殊な現象のように思われるかもしれませんが，電話ではあたり前のことと言ったら，皆さんは驚かれるでしょうか。じつは，技術的な都合のため，電話は 300 Hz 以下の周波数成分をカットして音声をやり取りしているのですが，ちょうど音声の基本音が含まれる帯域が取り除かれているにもかかわらず，私たちは相手の声の高さを間違うことはありません。基本音がなくても，まるで基本音があるかのように音の高さを知覚するのが，人間の聴覚の特徴になっています。

バーチャルピッチの知覚は**時間説**によって説明することができます。図 12.2 と図 12.3 を比べてみるとおわかりのように，周期的複合音は基本音の有無によらず波形の基本周期が変化しません。じつは，有毛細胞はこうした波形の基本周期に同期するように発火し，このタイミングが音の高さを割り出すための手がかりになっていることがわかっています。こうした時間の情報から音の高さの知覚を説明するのが時間説の考え方になっています。

このように，人間の聴覚が音の高さを知覚するしくみとしてふたつの説が考えられているわけですが，場所説と時間説はどちらが正しいというわけではありません。お互いに補完し合いながら，最も信頼性が高い手がかりを重視して音の高さを知覚するのが，人間の聴覚の特徴と考えられています。

12.5 連続聴効果

図 12.4(a) に示すように，サポートサイトのサンプルは周期的に音を消去したものになっています。音が断続的に途切れ，聞き取りにくくなっていることがおわかりいただけるでしょうか。

一方，図 12.4(b) に示すように，途切れた部分を白色雑音で置き換えたサンプルを聞いてみると，不思議なことに，消去したはずの音が聞こえてくるように感じられるはずです。

このように，ある音の前後の音がまるでつながっているように聞こえる現象を**連続聴効果**と呼びます。連続聴効果のなかでも，とくに音声が対象になっ

図12.4 連続聴効果：(a) 音が途切れる場合，(b) 音が途切れない場合

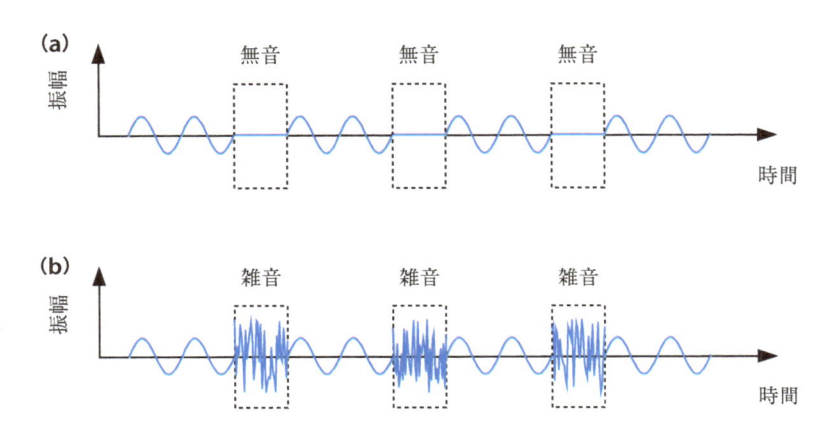

ているものを**音韻修復効果**と呼びます。ある程度の長さがあり聞きなれたフレーズの場合は，脳のトップダウン処理がはたらきやすいため，連続聴効果が顕著に現れることがわかっています。

　さまざまな音が重なり合い，ほかの音によって目的の音が聞き取りにくくなるのは，日常生活ではあたり前のことといえるでしょう。さわがしい場所でもコミュニケーションを円滑に進めることができるのは，実際は音が聞こえていないのにもかかわらず，聞こえたつもりに感じられる連続聴効果があればこその芸当といえるかもしれません。

　人間の視覚には，手前にある物体によって背後にある物体が見えなくなってしまった状況でも，一部が見えていれば，そこから全体を推定する能力が備わっています。連続聴効果もこれとよく似ています。情報を推定できれば，隠れた危険を回避できる可能性が高まることが，進化の過程で人間がこうした能力を身につけていった理由なのかもしれません。

12.6　マガーク効果

　さまざまな感覚から得られた手がかりを統合し，つじつまを合わせるようにして情報を解釈しようとするのが脳の情報処理の特徴になっています。

　テレビは左右2個のスピーカーを使って音を鳴らしていますが，ニュース

を読み上げるアナウンサーの声は，まるで画面のなかの口元から聞こえてくるように感じられます。これは，視覚と聴覚のつじつま合わせの一例になっており，口元を動かした人形がしゃべっているように見える腹話術と同じしくみになっていることから，**腹話術効果**とも呼ばれています。

こうしたつじつま合わせの特殊な例として，視覚と聴覚の手がかりが矛盾する場合について調べたのが**マガーク効果**です。「ガ」と発音したときの口元の動きを映像で見せながら，「バ」と発音したときの音声を聞かせると，多くの場合，「ダ」と知覚されることがマガーク効果として知られています。

じつは，図 12.5 に示すように，口元の動きは「ガ」と「ダ」が近く，音声は「バ」と「ダ」が近くなっており，視覚では「ガ」，聴覚では「バ」という矛盾した手がかりを統合し，視覚と聴覚のつじつまを合わせようとすると，中間の「ダ」に融合して知覚されることが，マガーク効果のしくみと考えられています。

読唇術といえば，訓練を受けないと身につかない特殊な能力のように思われるかもしれません。しかし，マガーク効果に見られるように，口元の動きから音声を推定することは，じつは，訓練の有無にかかわらず，知らず知らずのうちに誰もが経験していることなのです。さわがしい場所で会話をする場合，口元の動きから音声を推定できれば，コミュニケーションがそれだけ円滑になることが，こうした能力が人間に備わっている理由と考えられています。

図12.5　マガーク効果

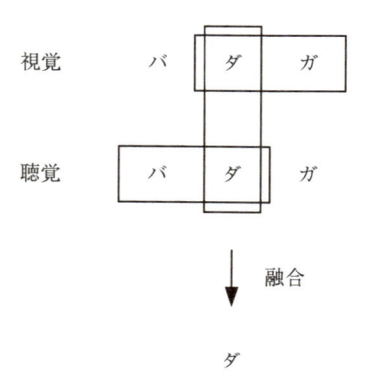

12.7 効果音

視覚と聴覚のつじつま合わせを利用し，情報の意味を強化するテクニックとして利用されているのが**効果音**です。

図12.6 のアニメーションは，目で追うだけであれば，ふたつのブロックが交差しているようにも反発しているようにも解釈することができます。し

図12.6 ブロックの交差と反発

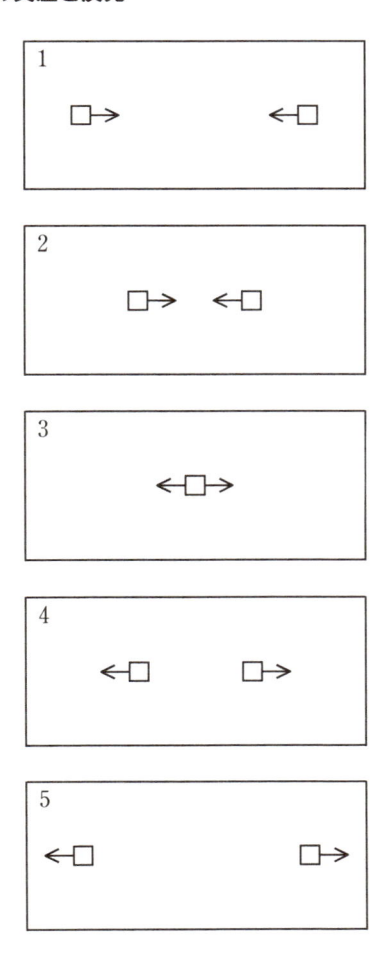

かし，ふたつのブロックが重なった瞬間にクリック音を鳴らすと，反発しているように見える確率が高まります。

　視覚は空間的な情報，聴覚は時間的な情報の知覚が得意ですが，それぞれの手がかりがばらばらに与えられただけでは，情報の意味の解釈が難しい場合も少なくありません。一方，視覚と聴覚の手がかりが同時に与えられると，情報の意味が強化されます。これが，映画やテレビで効果音が積極的に利用される理由になっています。

　じつは，こうした効果音は舞台演劇における音響効果のテクニックとして培われてきたものが基本になっており，図 12.7 に示すように，その作り方は実際の音からは想像もつかないものが数多くあります。本物だと思って聞いていた音が，じつは本物とはまったく程遠いものであることに驚いた方もいらっしゃるのではないでしょうか。

　もちろん，現在は，録音技術の進歩によって，実際の音を効果音として利用することもそれほど難しいことではなくなってきています。しかし，実際の音では迫力に欠ける場合も多く，本物ではなくてもそれらしく聞こえる効

図12.7　効果音の作り方

効果音	作り方
蛙（かえる）の鳴き声	貝殻をすり合わせる
鳥の羽ばたき	傘をばたつかせる
馬の蹄（ひづめ）	お椀を逆さにして床をたたく
魚がはねる音	コンニャクを床に落とす
波	豆をざるに入れてゆする
雨	ビニール袋をもむ
たき火	プチプチのシートをもみながらつぶす
はさみ	ホチキスを空打ちする
建物の倒壊	発泡スチロールの容器を押しつぶす
殺陣（たて）	白菜を包丁で切る

果音に軍配が上がることが少なくありません。そのため，現在も，説得力のある効果音を作り出そうと，さまざまな音作りの方法が編み出され続けています。

　効果音のなかには，そもそも現実には存在しない音であるにもかかわらず，逆にリアリティをもたらすものがあります。殺陣の効果音はその一例でしょう。時代劇ではチャンバラの場面に「ザクッ」という効果音をあてますが，現実にはこうした音は存在しません。しかし，もっともらしい効果音をつけ加えると，刀があたったタイミングがわかりやすくなるため，ウソの表現にもかかわらず，逆に説得力のある場面を演出することができます。

12.8　音と脳

　図 12.8 に示すように，脳のなかで言語処理にかかわる部位は，右利きの場合，左脳に集中していることがわかっています。

　そのなかでも，とくに重要な役割を担っているのが**ブローカ野**と**ウェルニッケ野**です。ブローカ野は，言語情報を音声情報に変換する部位になっており，

図12.8　言語処理にかかわる左脳の部位

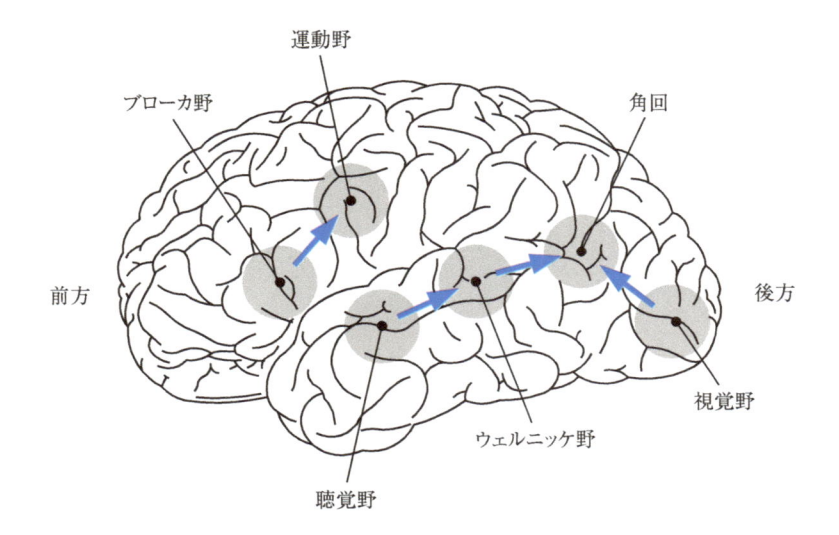

運動野を経由して音声器官をコントロールするのが，音声の生成のしくみと考えられています。一方，ウェルニッケ野は，音声情報を言語情報に変換する部位になっており，**聴覚野**を経由して聴覚器官から伝えられた音声情報を解釈するのが，音声の理解のしくみと考えられています。

じつは，ウェルニッケ野やブローカ野といった名前は，事故や病気によってそれぞれの部位に損傷を受けると言語処理の能力が低下することを発見した医者の名前に由来しています。こうした**失語症**の患者を調べてみると，音声の生成が苦手な場合はブローカ野，音声の理解が苦手な場合はウェルニッケ野にそれぞれ損傷を受けていることが多く，脳の情報処理のしくみを解明するための重要な手がかりになっていると考えられています。

もっとも，言語処理にかかわるのは，これらの部位だけに限りません。人間の感覚は，それぞれがばらばらに処理されているわけではなく，つじつま合わせのため，お互いに影響をおよぼし合っています。たとえば，**角回**は視覚と聴覚の交差点になっており，これらの感覚を融合する部位になっていると考えられています。じつは，文字と音声を結びつけることが苦手な**失読症**の患者は，角回に損傷を受けていることが多く，視覚と聴覚の融合に問題があることがわかっています。

こうした脳の障害によってコミュニケーションに問題を抱えた患者をサポートし，リハビリの手助けをするのが，**言語聴覚士**の役割になっています。もちろん，一朝一夕にはいきませんが，リハビリによって脳に刺激を与え続けると，脳が再構築され，機能回復を見込める可能性があります。こうした脳の**可塑性**を引き出すことが，リハビリのひとつの目的になっています。

リハビリにはさまざまなものがありますが，音を使ったものとして知られているのが**音楽療法**です。歌うことは言語処理の一種といえるかもしれませんが，左脳だけを集中して使っているわけではなく，左脳に損傷を受けて言語処理の能力が低下しても，依然として歌うことができる場合が少なくありません。言葉にメロディーをつけて歌うことは記憶力を高めるなど，歌うことは単なる発話とは異なる効果があり，言語処理の能力の機能回復にもつながる可能性が期待できます。

もちろん，こうした脳の障害は，できれば避けたいことに違いはありません。しかし，脳の障害は能力の低下を引き起こすだけと決めつけるのも早計でしょう。場合によっては，脳の可塑性が思いもよらない能力を発現させる

こともあります。

　たとえば，視覚障害者のなかには，音を知覚する能力が特異的に発達し，目で見るかわりに耳で聞くだけで障害物の場所を把握する能力や，3倍速もの早送り再生の音声を聞き取る能力など，健常者にはとうてい真似できない能力を身につける方もいます。必要に迫られると，こうした驚異的な能力を発現させる可能性を脳は秘めているのです。たとえ一部が壊れてしまっても，すべての機能が停止してしまうわけではなく，より卓越した能力を身につける可能性を秘めているのが，機械とは異なる脳のすばらしい特徴といえるでしょう。

　脳の情報処理のしくみにはわかっていないことが数多く残されています。音声によるコミュニケーションのしくみをひとつの手がかりとして，近い将来，その全容が解明されることを大いに期待したいと思います。

索 引

数字
- 12 平均律音階 ……… 6
- 5.1 チャンネルサラウンド方式 ……… 180

欧字
- A 特性 ……… 123
- A–D 変換 ……… 127
- Audacity ……… 38
- C 特性 ……… 123
- D–A 変換 ……… 127
- DVD ……… 180
- F_1–F_2 ダイアグラム ……… 71
- HL ……… 120
- IL ……… 110
- IPA ……… 86
- MLD ……… 179
- MP3 ……… 167
- PSG 音源 ……… 22
- SL ……… 121
- SPL ……… 109
- VOT ……… 92
- WaveSurfer ……… 81
- WAVE ファイル ……… 143
- Z 特性 ……… 123

あ
- アクセント ……… 101
- アクセント核 ……… 101
- アクティブノイズコントロール ……… 53
- 頭高型 ……… 101
- 圧縮 ……… 77, 167
- アナログ信号 ……… 125
- アブミ骨 ……… 113
- アンチエイリアスフィルタ ……… 137
- アンチフォルマント ……… 97
- 異音 ……… 86
- 位相 ……… 17
- インテンシティ効果 ……… 177
- イントネーション ……… 103
- インパルス ……… 114
- ウェーバーの法則 ……… 155
- ウェーバー比 ……… 155
- ウェルニッケ野 ……… 191
- うなり ……… 58
- 運動野 ……… 192
- エイリアス ……… 133
- エイリアス歪み ……… 137
- 円唇性 ……… 88
- 円唇母音 ……… 88
- オージオグラム ……… 119
- 尾高型 ……… 101
- オートチューン ……… 104
- 音の大きさ ……… 2, 62, 144
- 音の三要素 ……… 144
- 音の高さ ……… 2, 11, 62, 144
- 音の強さ ……… 110, 144
- 音の強さのレベル ……… 110
- オーバーマスキング ……… 166
- 折り返し歪み ……… 137
- 音圧 ……… 107, 144
- 音圧レベル ……… 108
- 音韻 ……… 62
- 音韻修復効果 ……… 187
- 音階 ……… 6
- 音楽 CD ……… 125
- 音楽療法 ……… 192
- 音源 ……… 40
- 音源定位 ……… 170
- 音源分離 ……… 181
- 音声記号 ……… 86
- 音声合成 ……… 75
- 音節 ……… 85
- 音素 ……… 83
- 音像 ……… 173
- 音像定位 ……… 173
- 音素記号 ……… 86
- 音速 ……… 44

か
- 外耳 ……… 112
- 外耳道 ……… 112

回折	47
蓋膜	114
蝸牛	113
蝸牛孔	113
蝸牛窓	114
蝸牛頂	115
蝸牛底	115
角回	192
カクテルパーティー効果	181
重ね合わせの原理	24, 130
可塑性	192
可聴範囲	118
カテゴリー知覚	183
感音性難聴	121
感覚レベル	121
干渉	53
気導音	117
キヌタ骨	113
基本音	8
基本周期	8
基本周波数	8, 144
基本周波数曲線	102
逆位相	18
逆フーリエ変換	27
逆向性マスキング効果	164
狭帯域スペクトログラム	35, 36, 73
共鳴	55
共鳴周波数	55
近似カナ表記	182
矩形波	14
屈折	48
継時マスキング効果	158, 164
ゲームミュージック	22
言語聴覚士	192
高域通過フィルタ	25
口音	97
口蓋化	90
口蓋帆	97
効果音	189
口腔	63
硬口蓋化	90
交叉聴取	165
口唇	64
高速フーリエ変換	28
広帯域スペクトログラム	35, 73
後退波	54
声の大きさ	62
声の高さ	62
国際音声記号	86
コサイン関数	19
コサイン波	18
鼓室階	113
骨導音	117
鼓膜	113

さ

最小可聴値	118
最大可聴値	119
サイン関数	1
サイン波	1
サブウーファー	180
サラウンド再生	179
三角関数	1
三角波	15
残響音	50
サンプリング	126
子音	83
耳介	112
時間エンベロープ	151
時間説	186
時間分解能	34
耳小骨	113
自然下降	103
失語症	192
周期	2, 46
周期的複合音	11
周波数	2
周波数エンベロープ	65
周波数特性	3, 144
周波数分解能	34
周波数分析	24
純音	4, 10
純音聴力検査	119
順向性マスキング効果	164
条件異音	99
人工喉頭	79
進行波	54

索　引

振幅 ………………………………………… 2
ステレオ再生 …………………………… 172
スペクトル ………………………………… 4
スペクトログラム ……………………… 32
清音 ……………………………………… 90
正弦関数 ………………………………… 1
正弦波 …………………………………… 1
声帯 ……………………………………… 62
声帯音源 ………………………………… 62
声帯振動の有無 ………………………… 89
声道 ……………………………………… 62
声紋 ……………………………………… 74
接近音 …………………………………… 95
線形処理 ……………………………… 150
線スペクトル …………………………… 4
前庭階 ………………………………… 113
前庭窓 ………………………………… 113
騒音計 ………………………………… 122
騒音レベル …………………………… 123
相補分布 ……………………………… 100
促音 ……………………………… 85, 100
ソースフィルタ理論 …………………… 65
ソナー ………………………………… 61
空耳 …………………………………… 182
ソーン尺度 …………………………… 147

た

帯域雑音 ……………………………… 158
帯域阻止フィルタ ……………………… 25
帯域通過フィルタ ……………………… 25
帯域幅 …………………………………… 25
第1フォルマント ……………………… 69
第3フォルマント ……………………… 69
ダイナミックレンジ ………………… 139
第2フォルマント ……………………… 69
第4フォルマント ……………………… 69
ダウンステップ ……………………… 104
濁音 …………………………………… 90
縦波 …………………………………… 41
蓄音機 ………………………………… 124
チップチューン ………………………… 22
中耳 …………………………………… 112
中心周波数 …………………………… 25

長音 …………………………………… 85
調音 …………………………………… 89
調音結合 ……………………………… 105
調音点 ………………………………… 89
調音法 ………………………………… 89
超音波 …………………………… 61, 118
聴覚閾値 ……………………………… 118
聴覚フィルタ ……………………… 26, 162
聴覚野 ………………………………… 192
超低周波音 …………………………… 118
聴毛 …………………………………… 114
聴力検査 ……………………………… 119
聴力レベル …………………………… 120
痛覚閾値 ……………………………… 119
ツチ骨 ………………………………… 113
低域通過フィルタ ……………………… 25
定在波 ………………………………… 55
ディジタル信号 ……………………… 125
ディストーション …………………… 149
デシベル ……………………………… 31
デチューン …………………………… 59
伝音性難聴 …………………………… 121
電子音 ………………………………… 22
同時マスキング効果 ………………… 158
等ラウドネス曲線 …………………… 145
トップダウン処理 …………………… 183
ドップラー効果 ……………………… 59

な

内耳 …………………………………… 112
中高型 ………………………………… 101
波 ……………………………………… 40
音色 ……………………………… 11, 62, 144
ノコギリ波 …………………………… 12

は

倍音 …………………………………… 8
媒質 …………………………………… 40
ハイパスフィルタ ……………………… 25
ハイレゾ音源 ………………………… 142
白色雑音 ……………………………… 21
破擦音 ………………………………… 94
弾音 …………………………………… 96
場所説 ………………………………… 185

ハース効果	174
バーチャルピッチ	186
波長	45
撥音	85, 99
発火	114
腹	55
破裂音	75, 89, 92
反射	50
半濁音	90
バンドエリミネートフィルタ	25
バンドノイズ	158
バンドパスフィルタ	25
半母音	95
非円唇母音	88
鼻音	97
鼻腔	63
非線形処理	150
ピッチ	144
ピッチシフタ	69
ビットレート	168
比弁別閾	155
標本化	126, 129
標本化周期	126, 129
標本化周波数	129
標本化定理	130
フィルタ	24
フェヒナーの法則	156
フォルマント	69
不確定性原理	35
複合音	10
腹話術効果	188
節	55
プライミング効果	183
フーリエ変換	27
ブローカ野	191
分析合成	77
閉管	54
平板型	101
ヘリウムボイス	80
弁別閾	155
母音	83
放射	76
ボーカルキャンセラ	178
ボコーダ	78
ボトムアップ処理	183
ホワイトノイズ	21

ま

マガーク効果	188
摩擦音	75, 89, 93
マスカー	158
マスキー	158
マスキング効果	158
窓	27
無声音	75, 89
無声化	105
メル尺度	148
モスキート	121
モノラル再生	172
モーラ	83

や

有声音	75, 89
有毛細胞	114
拗音	96
余弦関数	19
余弦波	18
横波	41

ら

ラウドネス	144
乱数	22
リバーブ	50
量子化	126, 137
量子化雑音	139
量子化精度	137
両耳加算	170
両耳聴効果	170
両耳マスキングレベル差	179
臨界帯域	161
臨界帯域幅	161
レコード	124
連続スペクトル	22
連続聴効果	186
連濁	106
ローパスフィルタ	25

著者紹介

青木 直史(あおき なおふみ)　博士(工学)
　1972 年　札幌生まれ
　1995 年　北海道大学工学部電子工学科卒業
　2000 年　北海道大学大学院工学研究科博士課程修了
　2000 年　北海道大学大学院工学研究科　助手
　現　在　北海道大学大学院情報科学研究科　助教

著書

『C言語ではじめる音のプログラミング』オーム社（2008）
『ブレッドボードではじめるマイコンプログラミング』技術評論社（2010）
『冗長性から見た情報技術』講談社ブルーバックス（2011）
『サウンドプログラミング入門』技術評論社（2013）
『ArduinoとProcessingではじめるプロトタイピング入門』講談社（2017）

NDC424　　207p　　21cm

ゼロからはじめる音響学（おんきょうがく）

2014 年 3 月 31 日　第 1 刷発行
2025 年 8 月 18 日　第 14 刷発行

著　者　青木直史(あおき なおふみ)
発行者　篠木和久
発行所　株式会社　講談社
　　　　〒112-8001　東京都文京区音羽2-12-21
　　　　　販売　(03) 5395-5817
　　　　　業務　(03) 5395-3615

KODANSHA

編　集　株式会社　講談社サイエンティフィク
　　　　代表　堀越俊一
　　　　〒162-0825　東京都新宿区神楽坂2-14　ノービィビル
　　　　　編集　(03) 3235-3701

本文データ制作　株式会社エヌ・オフィス
印刷・製本　株式会社KPSプロダクツ

落丁本・乱丁本は、購入書店名を明記のうえ、講談社業務宛にお送りください。送料小社負担にてお取替えいたします。なお、この本の内容についてのお問い合わせは、講談社サイエンティフィク宛にお願いいたします。定価はカバーに表示してあります。

© Naofumi Aoki, 2014

本書のコピー、スキャン、デジタル化等の無断複製は著作権法上での例外を除き禁じられています。本書を代行業者等の第三者に依頼してスキャンやデジタル化することはたとえ個人や家庭内の利用でも著作権法違反です。

Printed in Japan

ISBN 978-4-06-156529-6